泡利的错误

科学殿堂的花和草

卢昌海◎著

U0213787

清华大学出版社

北京

图书在版编目（CIP）数据

泡利的错误：科学殿堂的花和草 / 卢昌海著. —北京：清华大学出版社，2018
ISBN 978-7-302-50689-8

Ⅰ．①泡…　Ⅱ．①卢…　Ⅲ．①自然科学 – 普及读物　Ⅳ．①N49

中国版本图书馆CIP数据核字（2018）第163116号

责任编辑：胡洪涛　王　华
封面设计：施　军
责任校对：刘玉霞
责任印制：宋　林

出版发行：清华大学出版社
　　　　　网　　　址：http://www.tup.com.cn，http://www.wqbook.com
　　　　　地　　　址：北京清华大学学研大厦 A 座　　　邮　　编：100084
　　　　　社 总 机：010-62770175　　　　　邮　　购：010-62786544
　　　　　投稿与读者服务：010-62776969，c-service@tup.tsinghua.edu.cn
　　　　　质量反馈：010-62772015，zhiliang@tup.tsinghua.edu.cn
印 装 者：三河市国英印务有限公司
经　　销：全国新华书店
开　　本：165mm×235mm　　印　张：12　　字　　数：180 千字
版　　次：2018 年 9 月第 1 版　　　　印　　次：2018 年 9 月第 1 次印刷
定　　价：45.00 元

产品编号：077316-01

谨以本书献给我的家人

自　序

　　这本书照说是不必有单独序言的，因为跟《小楼与大师：科学殿堂的人和事》和《因为星星在那里：科学殿堂的砖与瓦》属同一系列的文章合集，从而该像后两者那样共用序言。

　　可惜在这个本质上是非线性的世界里，长期预测是不容易的——比如在撰写那篇序言时，我就只预计写两本书：一本为科学史，一本为科普——并且还明确写到了文字里。

　　我的理科类的散篇不外乎科学史和科普，照说那样一瓜分也就一网打尽了。

　　然而我却低估了多年码字积存的文章数量，而且也忘了自己还在继续写……

　　因此只得为这本书另撰序言。

　　仔细说来，昔日的序言除开口闭口只谈"两本书"外，还有一处没为这本书留余地，那就是替当时预计的两本书所拟的副标题一为"科学殿堂的人和事"，一为"科学殿堂的砖与瓦"。"人和事"为"软件"，"砖与瓦"系"硬件"，软、硬件都有了，科学殿堂还缺什么？

　　思来想去，也就只能添些花草了，于是这本书的副标题就取为"科学殿堂的花和草"。

　　这副标题跟内容倒也相称，因为这本书所收录的文章中，几篇主要的都是介绍科学中的波折而非主线，从而具有花絮色彩。比如最"切题"的《泡利的错误》介绍了著名物理学家泡利所犯的错误，是已成历史的花絮；篇幅最长的《μ子反常磁矩之谜》是"现在进行时"的波折，因为背后的几种主要可能——理论计算存在错误、实验测量存在错误或标准模型存在局限——皆属波折；其他几篇长文诸如《追寻引力的量子理论》和《宇宙学常数、超对称及膜宇宙论》由于是介绍尚无定论的前沿探索，则有很大可能会被未来判定为花絮。

当然，所有波折都是相对于主线而言的，对所有波折的介绍也都离不开作为背景的主线，因此读者在这本书里读到的也有对主线的介绍，而非仅仅是波折。另外，当然也不排除某些波折会成为未来主线的源头。

科学殿堂离不开花和草，就像真实的殿堂不能只有砖与瓦。相对于"砖与瓦"构筑的恢宏大厦，"花和草"虽象征着错误和波折，却也印证着我在《泡利的错误》一文的结语中所说的话：

> 科学一直是犯着错误，不断纠正着错误才走到今天的，永远正确绝不是科学的特征——相反，假如有什么东西标榜自己永远正确，那倒是最鲜明不过的指标，表明它绝不是科学。

这是科学给我们的最大教益，也是我在许多科学史和科普作品中试图传达的观念——然而也许都不如这本关于"花和草"的书传达得那么明确。

因此，希望读者们喜欢这本书[①]。

2017 年 12 月 24 日完稿

---

① 顺便说明一点，收录在本书中的文章以写作时间而论，时间跨度在 10 年以上，细心的读者也许能看出写作风格上的演变。此次收录成书前，我对文字做过修订，但对写作风格及主体内容未做改动（特别是，文章中的数据乃是写作之时的数据，这一点需请读者注意）。

目　录

第一部分

数学

1 　　　无穷集合可以比较吗? [①]

　　大家都知道,自然数(即 0, 1, 2, 3, ⋯)有无穷多个,平方数(即 0, 1, 4, 9, ⋯)也有无穷多个。现在我们来考虑这样一个问题:自然数和平方数哪个更多? 有读者也许会说:"这还用问吗? 当然是自然数多啦!"确实,平方数只是自然数的一部分,而整体大于部分,因此自然数应该比平方数更多。但细想一下,事情又不那么简单。因为每个自然数都有一个平方,每个平方数也都是某个自然数的平方,两者可以一一对应。从这个角度讲,它们又谁也不比谁更多,从而应该是一样多的,就好比两堆石头,就算不知道各有多少粒,如果能一粒一粒对应起来,我们就会说它们的数目一样多。

　　同一个问题,两个相互矛盾的答案,究竟哪一个答案正确呢?

　　像这种对无穷集合进行比较(即比较元素数目)的问题,曾经让许多科学家感到过困扰。比如著名的意大利科学家伽利略就考虑过我们上面这个问题。他的结论是:那样的比较是无法进行的。

　　不过,随着数学的发展,数学家们最终还是为无穷集合的比较建立起了系统性的理论,它的基石就是上面提到的一一对应的关系,即:两个无穷集合的元素之间如果存在一一对应,它们的元素数目就被定义为"相等"。按照这个定义,上面两个答案中的后一个,即自然数与平方数一样多,是正确的。

科学人

　　对无穷集合进行比较的系统理论是德国数学家乔治·康托尔(George Cantor)提出的。康托尔生于 1845 年,是集合论的奠基者。康托尔的理论是如此新颖,连他自己

---

① 本文是受《十万个为什么》第六版《数学》分册约稿而写的词条,但未被收录。

也曾在给朋友的信件中表示"我无法相信"。与他同时代的许多其他数学家更是对他的理论表示了强烈反对，甚至进行了尖锐攻击。

但时间最终证明了康托尔的伟大。他的集合论成为现代数学的重要组成部分。德国数学大师戴维·希尔伯特（David Hilbert）在一篇文章中表示"没有人能把我们从康托尔为我们开辟的乐园中赶走"。英国哲学家伯特兰·罗素（Bertrand Russell）也称康托尔的理论"也许是这个时代最值得夸耀的成就"。

但有读者也许会问：前一个答案所依据的"整体大于部分"在欧几里得的《几何原本》中被列为公理，不也是很可靠的吗？为什么不能作为对无穷集合进行比较的基石呢？这是因为，两个无穷集合之间通常并不存在一个是另一个的部分那样的关系。比如平方数的集合与素数（即 2，3，5，7，…）的集合就谁也不是谁的部分。如果用"整体大于部分"作为基石，就会无法比较。

不过，"整体大于部分"也并没有被抛弃，因为在无穷集合的比较中，还会出现这样的情形，那就是一个无穷集合的元素能与另一个无穷集合的一部分元素一一对应，却不能与它的全体元素一一对应。在这种情形下，数学家们就会依据"整体大于部分"的原则，将后一个无穷集合的元素数目定义为"大于"前一个无穷集合的元素数目（或前一个无穷集合的元素数目"小于"后一个无穷集合的元素数目）。这种情形的一个例子，是自然数集合与实数集合的比较。很明显，自然数集合的元素（即自然数）能与实数集合的一部分元素（即实数中的自然数）一一对应，但它能否与实数集合的全体元素（即实数）一一对应呢？答案是否定的（参阅"微博士"）。因此自然数集合的元素数目"小于"实数集合的元素数目。

微博士

我们在正文中举过一个例子，那就是自然数集合的元素数目"小于"实数集合的元素数目。现在让我们来证明这一点。我们要证明的是自然数不能与 0 和 1 之间的实数一一对应（从而当然也不能与全体实数一一对应）。

我们用反证法：假设存在那样的一一对应，那么 0 和 1 之间的实数就都能以自然数为序号罗列出来。但是，我们总可以构造出一个新实数，它小数点后的每个数字都在 0 和 9 之间，并且第 n 位数字选成与第 n 个实数的小数点后第 n 位数字不同。显然，这样构造出来的实数与任何一个被罗列出来的实数都不同（因为小数点后至少有一个数字不同）。这与 0 和 1 之间的实数都能以自然数为序号罗列出来相矛盾。这个矛盾表明自然数是不能与 0 和 1 之间的实数——对应的。

这个证明所用到的构造新实数的方法被称为对角线方法，它在无穷集合的比较中是一种很重要的方法。

现在我们知道了在无穷集合的元素数目之间可以定义"相等""大于""小于"这三种比较关系。但这还不等于回答了"无穷集合可以比较吗？"这一问题。因为我们还不知道会不会有某些无穷集合，它们之间这三种关系全都不满足。那样的情形如果出现，就说明有些无穷集合是不能比较的——起码是不能用我们上面定义的这三种关系来比较。

那样的情形会不会出现呢？这是一个很棘手的问题，涉及数学中一个很重要的分支——集合论——的微妙细节。而集合论有几个不同的"版本"，它们对这一问题的答案不尽相同。因此从某种意义上讲，这可以算是一个有争议的问题。不过，对于目前被最多数学家所使用的"版本"来说，这一问题的答案是明确的，即：那样的情形不会出现。换句话说，任何两个无穷集合都是可以比较的。

2012 年 3 月 6 日写于纽约

2 实数都是代数方程的根吗？ [①]

读者们大都在学校里学过解方程，其中解得最多的就是所谓代数方程，比如 $3x-1=0$，$x^2+2x-8=0$，等等。这些方程的一个主要特点，就是每一个包含未知数的项都只包含未知数的正整数次幂。除此之外，代数方程还有一个很重要的特点，那就是项的数目是有限的。

现在，我们要回答这样一个问题：实数都是代数方程的根吗？不过，仅凭上面的定义，这个问题是简单得毫无意义的，因为所有实数 r 显然都是代数方程 $x-r=0$ 的根，因此答案是肯定的。为了让问题有一定难度，我们要对上面的定义加一个限制，那就是每一项的系数（包括常数项）都只能是有理数。加上这一限制后的代数方程确切地讲应称为"有理数域上的代数方程"，不过为简洁起见，我们仍将其称为"代数方程" [②]。

现在让我们重新来回答"实数都是代数方程的根吗？"这一问题。首先很明显的是，所有有理数 q 都是代数方程 $x-q=0$ 的根。其次，学过一元二次方程的读者都知道，虽然所有系数都被限制为有理数，代数方程的根却不一定是有理数。比如 $x^2-2=0$ 的两个根，$\sqrt{2}$ 和 $-\sqrt{2}$，就是无理数。因此，代数方程的根既可以是有理数，也可以是无理数，从而至少在表面上具备了表示所有实数的潜力。

但有潜力不等于能做到，关键得要有证明。最早对"实数都是代数方程的根吗？"这一问题作出回答并给予证明的是法国数学家约瑟夫·刘维尔，他不仅证明了某些实数不是任何代数方程的根，而且还具体构造出了那样的实数，从而以

---

① 本文收录于《十万个为什么》第六版《数学》分册（少年儿童出版社，2013 年 8 月出版），发表稿受到编辑的某些删改，标题改为了《实数都是整数系数代数方程的根吗？》。

② 需要提醒读者注意的是，不同文献对"代数方程"的定义不尽相同。在某些文献中，"代数方程"按定义就是"有理数域上的代数方程"。

最雄辩的方式给出了答案——否定的答案。

现在我们知道，有很多重要的实数，比如自然对数的底 e，圆周率 π，等等，都不是代数方程的根。为了便于表述，数学家们把能够用代数方程的根来表示的数称为代数数，把不能用代数方程的根来表示的数称为超越数。实数既包含代数数，也包含超越数。有理数与 $\sqrt{2}$ 是代数数的例子；e 和 π 则是超越数的例子。我们的问题用这一新术语可以重新表述为：实数都是代数数吗？答案则如上所述是否定的。

第一个用十进位小数表示的超越数）是 0.110001000…（小数点后面的数字规律是这样的：小数点后第 $n!$——n 的阶乘——位的数字为 1，其余的数字全都为零）。这个数通常被称为刘维尔常数，但有时候也被称为刘维尔数，虽然它只是无穷多个刘维尔数中的一个。

不过，答案虽然揭晓了，找到或证明一个具体的超越数却往往不是容易的事情。比如对 e 和 π（尤其是 π）是超越数的证明就费了数学家们不小的气力。而像 e+π 和 e-π 那样的简单组合是否是超越数，则直到今天也还是谜。

接下来我们还可以问一个问题，那就是代数数多还是超越数多？从构造和证明超越数如此困难来看，也许很多读者会猜测是代数数多。事实却恰恰相反。1874 年，德国数学家康托尔证明了超越数远比代数数多（这里所涉及的是无穷集合元素数目的比较，具体可参阅前文《无穷集合可以比较吗？》）。事实上，他证明了实数几乎全都是超越数！

超越数的存在不仅仅具有抽象的分类意义，而且可以解决一些具体的数学问题。比如，几何中的"尺规作图"方法所能做出的线段的长度——相对于给定的单位长度——可被证明为只能是代数数①。因此 π 是超越数这一看似只具有抽象分类意义的结果，直接证明了困扰数学家们多年的"尺规作图三大难题"之一的"化圆为方"是不可能办到的。

最后，我们要补充提到的是，代数方程的根既可能是实数，也可能是复数。相应地，代数数和超越数这两个概念也适用于复数，并且与实数域中的情形类似，复数也并不都是代数数（事实上，复数也几乎都是超越数）。

2012 年 3 月 19 日写于纽约

---

① 但反过来则不然，并不是所有长度由代数数表示的线段都能用"尺规作图"的方法做出。

3 最少要多少次转动才能让魔方复原？^①

魔方是一种深受大众喜爱的益智玩具。自 20 世纪 80 年代初开始，这一玩具风靡了全球。

科学人

魔方是匈牙利布达佩斯应用艺术学院的建筑学教授艾尔诺·鲁比克（Ernö Rubik）发明的，也被称为鲁比克方块（Rubik's cube）。鲁比克最初想发明的并不是益智玩具，而是一个能演示空间转动，帮助学生直观理解空间几何的教学工具。经过一段时间的考虑，他决定制作一个由小方块组成、各个面能随意转动的 3×3×3 结构的立方体。

但如何才能让立方体的各个面既能随意转动，又不会因此而散架呢？这一问题让鲁比克陷入了苦思。1974 年一个夏日的午后，他在多瑙河畔乘凉，当他的眼光无意间落到河畔的鹅卵石上时，忽然灵感闪现，他想到了解决困难的办法，那就是用类似于鹅卵石那样的圆形表面来处理立方体内部的结构。由此他完成了魔方的设计。

魔方为什么会有这么大的魅力呢？那是因为它具有几乎无穷无尽的颜色组合。标准的魔方是一个 3×3×3 结构的立方体，每个面最初都有一种确定的颜色。但经过许多次随意的转动之后，那些颜色将被打乱。这时如果你想将它复原（即将每个面都恢复到最初时的颜色），可就不那么容易了。因为魔方的颜色组合的总数是一个天文数字：约 43 252 003 274 489 856 000。如果我们把所有这些颜色组合都做成魔方，并让它们排成一行，能排多远呢？能从北京排到上海吗？不止。能从中国排到美国吗？不止。能从地球排到月球吗？不止。能从太阳排到海王星吗？不止。能从太阳系排到比邻星吗？也不止！事实上，它的长度足有 250 光年！

---

① 本文收录于《十万个为什么》第六版《数学》分册（少年儿童出版社，2013 年 8 月出版），发表稿受到编辑的某些删改，标题改为了《为什么 20 次转动能确保任意初始状态的魔方复原？》。

魔方的颜色组合如此众多，使得魔方的复原成了一件需要技巧的事情。如果不掌握技巧地随意尝试，一个人哪怕从宇宙大爆炸之初就开始玩魔方，也几乎没有可能将一个魔方复原。但是，纯熟的玩家却往往能在令人惊叹的短时间内就将魔方复原，这表明只要掌握技巧，使魔方复原所需的转动次数并不太多。

微博士

自 1981 年起，魔方爱好者们开始举办世界性的魔方大赛。在这种大赛中，不断有玩家刷新最短复原时间的世界纪录。截至 2011 年底，最短单次复原时间的世界纪录为 5.66 秒；最短多次复原平均时间的世界纪录则为 7.64 秒。

不过，玩家们复原魔方所用的转动次数并不是理论上最少的次数（即并不是"上帝之数"），因为他们采用的是便于人脑掌握的方法，追求的则是最短的复原时间。多几次转动虽然要多花一点时间，但比起寻找理论上最少的转动次数来仍要快速得多——事实上，后者往往根本就不是人脑所能胜任的。

那么，最少要多少次转动才能让魔方复原呢？或者更确切地说，最少要多少次转动才能确保任意颜色组合的魔方都被复原呢？这个问题不仅让魔方爱好者们感到好奇，还引起了一些数学家的兴趣，因为它是一个颇有难度的数学问题。数学家们甚至给这个最少的转动次数取了一个很气派的别名，叫作"上帝之数"。

自 20 世纪 90 年代起，数学家们就开始寻找这个神秘的"上帝之数"。

寻找"上帝之数"的一个最直接的思路是大家都能想到的，那就是对所有颜色组合逐一计算出最少的转动次数，它们中最大的那个显然就是能确保任意颜色组合都被复原的最少转动次数，即"上帝之数"。可惜的是，那样的计算是世界上最强大的计算机也无法胜任的，因为魔方的颜色组合实在太多了。

怎么办呢？数学家们只好诉诸他们的老本行——数学。1992 年，一位名叫赫伯特·科先巴（Herbert Kociemba）的德国数学家提出了一种分两步走的新思路。那就是先将任意颜色组合转变为被他用数学手段选出的特殊颜色组合中的一个，然后再复原。这样做的好处是每一步的计算量都比直接计算"上帝之数"小得多。运用这一新思路，2007 年，"上帝之数"被证明了不可能大于 26。也就是说，只

需 26 次转动就能确保任意颜色组合的魔方都被复原。

但这个数字却还不是"上帝之数",因为科先巴的新思路有一个明显的局限,那就是必须先经过他所选出的特殊颜色组合中的一个。但事实上,某些转动次数最少的复原方法是不经过那些特殊颜色组合的。因此,科先巴的新思路虽然降低了计算量,找到的复原方法却不一定是转动次数最少的。

为了突破这个局限,数学家们采取了一个折中手段,那就是适当地增加特殊颜色组合的数目,因为这个数目越大,转动次数最少的复原方法经过那些特殊颜色组合的可能性也就越大。当然,这么做无疑会增大计算量。不过,计算机技术的快速发展很快就抵消了计算量的增大。2008 年,计算机高手汤姆·罗基奇(Tom Rokicki)用这种折中手段把对"上帝之数"的估计值压缩到了 22。也就是说,只需 22 次转动就能确保任意颜色组合的魔方都被复原。

那么,22 这个数字是否就是"上帝之数"呢?答案仍是否定的。这一点的一个明显征兆,就是人们从未发现任何一种颜色组合需要超过 20 次转动才能复原。这使人们猜测"上帝之数"应该是 20(它不可能小于 20,因为有很多颜色组合已被证明需要 20 次转动才能复原)。2010 年 7 月,这一猜测终于被科先巴本人及几位合作者所证明。

因此,现在我们可以用数学特有的确定性来回答"最少要多少次转动才能让魔方复原?"了,答案就是: 20 次。

2012 年 2 月 12 日写于纽约

4　为什么说黎曼猜想是最重要的数学猜想？ ①

1900 年的一个夏日，两百多位最杰出的数学家在法国巴黎召开了一次国际数学家大会。会上，著名德国数学家希尔伯特作了一次题为"数学问题"的重要演讲。在演讲中，他列出了一系列在他看来最重要的数学难题。那些难题吸引了众多数学家的兴趣，并对数学的发展产生了深远影响。

一百年后的 2000 年，美国克雷数学研究所的数学家们也在法国巴黎召开了一次数学会议。会上，与会者们也列出了一些在他们看来最重要的数学难题。他们的声望虽无法与希尔伯特相比，但他们做了一件希尔伯特做不到的事情：为每个难题设立了一百万美元的巨额奖金。

这两次遥相呼应的数学会议除了都在法国巴黎召开外，还有一个令人瞩目的共同之处，那就是在所列出的难题之中，有一个——并且只有一个——是共同的。

这个难题就是黎曼猜想，它被很多数学家视为是最重要的数学猜想。

科学人

黎曼猜想是一位名叫伯恩哈德·黎曼（Bernhard Riemann）的数学家提出的。黎曼是一位英年早逝的德国数学家，出生于 1826 年，去世于 1866 年，享年还不到 40 岁。黎曼的一生虽然短暂，却对数学的很多领域都做出了巨大贡献，影响之广甚至波及了物理。比如以他名字命名的"黎曼几何"不仅是重要的数学分支，而且成为阿尔伯特·爱因斯坦（Albert Einstein）创立广义相对论不可或缺的数学工具。

1859 年，32 岁的黎曼被选为柏林科学院的通信院士。作为对这一崇高荣誉的回报，他向柏林科学院提交了一篇题为《论小于给定数值的素数个数》的论文。那篇只有短短 8 页的论文就是黎曼猜想的"诞生地"。

---

① 本文收录于《十万个为什么》第六版《数学》分册（少年儿童出版社，2013 年 8 月出版），发表稿受到编辑的某些删改，标题改为了《为什么黎曼猜想如此重要？》。

为什么说黎曼猜想是最重要的数学猜想呢？是因为它非常艰深吗？不是。当然，黎曼猜想确实是非常艰深的，它自问世以来，已经有一个半世纪以上的历史。在这期间，许多知名数学家付出了艰辛的努力，试图解决它，却迄今没有人能够如愿。但是，如果仅仅用艰深来衡量的话，那么其他一些著名数学猜想也并不逊色。比如费马猜想是经过三个半世纪以上的努力才被证明的；哥德巴赫猜想则比黎曼猜想早了一个多世纪就问世了，却跟黎曼猜想一样迄今屹立不倒。这些纪录无疑也都代表着艰深，而且是黎曼猜想也未必打得破的。

那么，黎曼猜想被称为最重要的数学猜想，究竟是什么原因呢？首要的原因是它跟其他数学命题之间有着千丝万缕的联系。据统计，在今天的数学文献中已经有一千条以上的数学命题是以黎曼猜想（或其推广形式）的成立为前提的。这表明黎曼猜想及其推广形式一旦被证明，对数学的影响将是十分巨大的，所有那一千多条数学命题就全都可以荣升为定理；反之，如果黎曼猜想被推翻，则那一千多条数学命题中也不可避免地会有一部分成为陪葬。一个数学猜想与为数如此众多的数学命题有着密切关联，这在数学中可以说是绝无仅有的。

其次，黎曼猜想与数论中的素数分布问题有着密切关系。而数论是数学中一个极重要的传统分支，被德国数学家高斯称为是"数学的皇后"。素数分布问题则又是数论中极重要的传统课题，一向吸引着众多的数学家。这种深植于传统的"高贵血统"也在一定程度上增加了黎曼猜想在数学家们心中的地位和重要性。

再者，一个数学猜想的重要性还有一个衡量标准，那就是在研究该猜想的过程中能否产生出一些对数学的其他方面有贡献的结果。用这个标准来衡量，黎曼猜想也是极其重要的。事实上，数学家们在研究黎曼猜想的过程中所取得的早期成果之一，就直接导致了有关素数分布的一个重要命题——素数定理——的证明。而素数定理在被证明之前，本身也是一个有着一百多年历史的重要猜想。

最后，并且最出人意料的，是黎曼猜想的重要性甚至超出了纯数学的范围，而"侵入"到了物理学的领地上。20世纪70年代初，人们发现与黎曼猜想有关的某些研究，居然跟某些非常复杂的物理现象有着显著关联。这种关联的原因直到今天也还是一个谜。但它的存在本身，无疑就进一步增加了黎曼猜想的重要性。

有这许多原因，黎曼猜想被称为最重要的数学猜想是当之无愧的。

黎曼猜想的内容无法用完全初等的数学来描述。粗略地说，它是针对一个被称为黎曼ζ函数的复变量函数（变量与函数值都可以在复数域中取值的函数）的猜想。黎曼ζ函数跟许多其他函数一样，在某些点上的取值为零，那些点被称为黎曼ζ函数的零点。在那些零点中，有一部分特别重要的被称为黎曼ζ函数的非平凡零点。黎曼猜想所猜测的是那些非平凡零点全都分布在一条被称为"临界线"的特殊直线上。

黎曼猜想直到今天仍然悬而未决（既没有被证明，也没有被推翻）。不过，数学家们已经从分析和数值计算这两个不同方面入手，对它进行了深入研究。截至本文写作之时，在分析方面所取得的最强结果是证明了至少有41.28%的非平凡零点位于临界线上；而数值计算方面所取得的最强结果则是验证了前十万亿个非平凡零点全都位于临界线上。

2012 年 3 月 13 日写于纽约

5

为什么巴西的蝴蝶有可能引发得克萨斯的飓风？ ①

很多科学爱好者也许都会对 20 世纪六七十年代兴起，直到今天依然比较热门的一个被称为"混沌"的学科有些印象。1987 年，美国作家詹姆斯·格莱克（James Gleick）写了一本荣获普利策奖的热门图书，叫作《混沌：开创新科学》（*Chaos: Making a New Science*）。这本风靡一时的科普图书的第一章的标题叫作"蝴蝶效应"。这一名称后来被电影导演看中，成了 2004 年一部票房不错的科幻电影的片名。

科学人

"蝴蝶效应"乃至混沌理论之所以成为热门，在很大程度上得益于美国气象学家爱德华·洛伦兹（Edward Lorenz）的一项研究。洛伦兹出生于 1917 年，是混沌理论的先驱者之一。"二战"期间，洛伦兹曾为美国空军提供气象预测服务。这一工作使他对气象学产生了持久的兴趣，并在战后继续从事气象学研究。气象学也因此成为混沌理论的"诞生地"之一，"蝴蝶效应"这一来自气象学的通俗比喻也应运而生。

早在洛伦兹之前，混沌理论的许多基本特点就已经被一些科学家注意到了，一些重要结论也已经得到了确立。但也许是缺乏通俗例子的缘故，那些研究没有引起足够的关注。直到 1959 年，洛伦兹在气象学研究中，发现了后来被称为"蝴蝶效应"的通俗例子之后，混沌理论才开始引起较多的关注。从这个意义上讲，洛伦兹可以说是重新发现了混沌理论的某些特点。

这个被图书作者和电影导演共同采用的"蝴蝶效应"究竟是什么呢？我们来简单介绍一下。所谓"蝴蝶效应"，是对混沌理论中一个重要特征的通俗表述，

---

① 本文收录于《十万个为什么》第六版《数学》分册（少年儿童出版社，2013 年 8 月出版），发表稿受到编辑的某些删改，标题改为了《为什么巴西的蝴蝶拍动翅膀有可能引发得克萨斯的飓风？》。

即认为一只巴西的蝴蝶拍动翅膀，就有可能在美国的得克萨斯州引发一场龙卷风。这个名称一般被认为是混沌理论的早期研究者、美国气象学家洛伦兹提出的。但那其实是一个误会。洛伦兹本人无论在论文还是研究报告中，都没有率先使用过这一术语。他倒是曾经用海鸥来作过比喻。蝴蝶的登场乃是 1972 年他参加一次会议时所发生的小意外。那一次，他没有及时提供自己报告的标题，会议主持者就替他拟了一个，叫作《巴西的蝴蝶拍动翅膀会引发得克萨斯的飓风吗？》。小小的蝴蝶从此成为混沌理论的"形象代言"。

微博士

洛伦兹发现"蝴蝶效应"的经过颇有戏剧性。他当时研究的是一个非线性的气象模型，动用的是用今天的标准衡量起来极为简陋的计算机。他的计算旷日持久。但平静的日子在某一天被打破了。那一天，洛伦兹决定对某部分计算进行更仔细的分析，于是他从原先输出的计算结果中选出一行数据，作为初始条件输入程序，让计算机从那一行数据开始重新运行。但一个小时之后，他吃惊地发现新的计算与原先的计算大相径庭。这是怎么回事呢？相同的初始条件怎么会产生不同的结果呢？经过仔细分析，他终于明白了原因，那是他的输出数据只保留了小数点后三位数字，比计算过程中的数据来得粗糙。因此，当他用一行输出数据作为初始数据时，与原先计算中对应于这一行的更精确的数据相比，有了细微的偏差。正是这细微的偏差，出人意料地演变出了大相径庭的结果，这就是如今被称为"蝴蝶效应"的现象。

但是，世界上真的会有一只蝴蝶拍动翅膀，就有可能在万里之外引发龙卷风的事情吗？按照混沌理论，答案是肯定的。事实上，这只不过是对一个很久以来就被人们注意到的，细微因素有时会产生巨大影响这一现象的富有戏剧性的表述而已。俗话中的"差之毫厘，谬之千里""牵一发动全身"等，都在一定程度上体现了这种现象，只不过以往没有人把它上升到理论高度，也没有人为它构筑理论模型而已。这种情况自 19 世纪末以来其实就已经有了变化，陆续有科学家注意到了在一些被称为非线性体系的复杂体系中，会出现体系状态随时间的演化极端敏感地依赖于初始条件的现象，即初始条件哪怕有极细微（就像蝴蝶拍动翅膀造成的大气扰动那样细微）的变化，在经过一段时间之后，也有可能会演变成

极巨大（就像龙卷风所造成的天气变化那样巨大）的差异。这种现象正是"蝴蝶效应"。

"蝴蝶效应"虽然在日常生活中就有许多体现，但它对一些科学家来说，却是一件出乎意料的事情。因为长期以来，科学一直享有着能对自然现象作出精密预言的崇高声誉。以天文学为例，天文学家们能够对日食和月食的发生时间，对几十亿千米之外的行星运动，等等，作出很精密的预言。这些预言都离不开初始条件，即体系在某个时刻的状态。而对初始条件的观测总是有误差的。因此，科学的高度精密给很多科学家一个印象，那就是只要初始条件的误差很小，预言就可以很精确。而蝴蝶效应的发现在很大程度上颠覆了这个印象。在有蝴蝶效应的体系中，像天文学家们习以为常的那种精密预言将变得不再可能。混沌理论中的"混沌"两字就在一定程度上体现了人们对这种无法做出精密预言的新局面的困惑。

不过，混沌理论并非只是一团"混沌"。它在最近几十年里能够引起大量的关注，是因为它在颠覆某些传统印象的同时，引进了一系列重要的概念，以及分析复杂现象的新手段，并且它还带给人们一个很重要的启示，那就是表面上看起来并不复杂的很多规律，有可能蕴含着高度复杂的内涵。这一点对于我们理解周围这个本质上是复杂体系的自然界是很有帮助的。

2012 年 3 月 21 日写于纽约

第二部分 ————

物理

6 泡利的错误 [1]

6.1 引言

又到"六一"附近了，本站的资深网友也许大都知道，在这个日子附近，我曾两度撰写过有关奥地利物理学家沃尔夫冈·泡利（Wolfgang Pauli）的文章[2]。如今，我又想起了泡利，就再写一篇有关他的文章吧。

奥地利物理学家泡利

其实早在三年前撰写玻尔的错误时，我就萌生过一个念头，那就是继《爱因斯坦的错误》（译作）和《玻尔的错误》之后[3]，若还有哪位现代物理学家的错

---

① 本文曾发表于《现代物理知识》2015 年第 1 期（中国科学院高能物理研究所）。

② "本站"指我的个人主页 http://www.changhai.org/，那两篇文章为《泡利效应趣谈》和《让泡利敬重的三个半物理学家》，皆收录于拙作《小楼与大师：科学殿堂的人和事》（清华大学出版社，2014 年 6 月出版）。

③ 《爱因斯坦的错误》（译作）收录于我的个人主页 http://www.changhai.org/；《玻尔的错误》收录于拙作《小楼与大师：科学殿堂的人和事》（清华大学出版社，2014 年 6 月出版）。

误值得一写的话，就得说是泡利了。这也正是本文的主题——泡利的错误——之缘起。

在《玻尔的错误》中我曾写道：

> 玻尔的错误虽然远不如爱因斯坦的错误那样出名，甚至可以说是冷僻话题，但他在犯错时却是比爱因斯坦更具"那个时代的精神与背景"的领袖科学家，他的错误也因此要比爱因斯坦的错误更能让人洞察"那个时代的精神与背景"。

现在要写泡利的错误，自然就想到了一个有趣的问题：如果说爱因斯坦的错误最出名，玻尔的错误最有代表性，那么泡利的错误有什么特点呢，或者说"最"在哪里呢？我认为是最有戏剧性。

这戏剧性来自泡利本人的一个鲜明特点，那便是我在《让泡利敬重的三个半物理学家》一文中介绍过的，泡利是一位以批评尖刻和不留情面著称的物理学家。而且泡利的批评尖刻和不留情面绝不是"信口开河"型的，而是以缜密思维和敏锐目光为后盾的，唯其如此，他的批评有着很重的分量，受到同行们的普遍重视，或者用玻尔的话说："每个人都急切地想要知道泡利对新发现和新思想的总是表达得强烈而有幽默感的反应。"玻尔不仅这么说了，而且还"身体力行"地为他所说的"每个人"做了最好的注脚。在玻尔给泡利的信中，常常出现诸如"我当然也很迫切地想听到您对论文内容的意见"（1924年2月16日信），"请给予严厉的批评"（1926年2月20日信），"我将很乐意听取您有关所有这些的看法，无论您觉得适宜用多么温和或多么严厉的语气来表达"（1929年7月1日信）那样的话。这种批评尖刻和不留情面的鲜明特点，可作后盾的缜密思维和敏锐目光，以及所受同行们的普遍重视，都使得泡利的错误具有了别人的错误难以企及的戏剧性。

与玻尔的情形相似，关于泡利究竟犯过多少错误，似乎也没有人罗列过，不过也可以肯定，他犯错的数量与类型都远不如爱因斯坦那样"丰富多彩"。原因呢，也跟玻尔的相似，即"与其说是他在避免犯错方面比爱因斯坦更高明，不如说是因为他的研究领域远不如爱因斯坦的宽广，从而犯错的土壤远不如爱因斯坦的肥沃"(《玻尔的错误》)——当然，这都是跟爱因斯坦相比才有的结果，若改为是跟一位普通的物理学家相比，则无论玻尔还是泡利的研究领域都是极为宽广的。

那么，在泡利所犯的错误之中，有哪些最值得介绍呢？我觉得有两个：一个关于电子自旋（electron spin），一个关于宇称守恒（parity conservation）。

6.2 泡利的第一次错误：电子自旋

电子自旋概念的诞生有一段虽不冗长却不无曲折的历史，而这曲折在很大程度上受到了泡利的影响。在很多早期教科书或现代教科书的早期版本中，电子自旋概念都被叙述成是 1925 年底由荷兰物理学家乔治·乌仑贝克（George Uhlenbeck）和塞缪尔·古兹米特（Samuel Goudsmit）首先提出的[①]。这一叙述以单纯的发表时间及以发表时间为依据的优先权而论，是正确的，但从历史的角度讲，却不无可以补正的地方。事实上，在比乌仑贝克和古兹米特早了大半年的 1925 年 1 月，德国物理学家拉尔夫·克罗尼格（Ralph Kronig）就提出了电子自旋的假设[②]，而且他的工作比乌仑贝克和古兹米特的更周详，比如对后者最初没有分析，甚至不知道该如何分析的碱金属原子双线光谱（doublet spectra of alkali atoms）进行了分析[③]。

克罗尼格是美国哥伦比亚大学的博士研究生，当时正在位于图宾根（Tübingen）的德国物理学家阿尔佛雷德·朗德（Alfred Landé）的实验室访问。克罗尼格提出电子自旋的假设之后不久，泡利恰巧也到朗德的实验室访问。于是

---

① 比如曾谨言的《量子力学》（上册）（科学出版社，1981 年第一版）、吴大猷的《量子力学》（甲部）（科学出版社，1984 年第一版）、杨福家的《原子物理学》（高等教育出版社，1990 年第二版、2000 年第三版）、列弗·兰道（Lev Landau）和栗弗席兹（E. M. Lifshitz）的 Quantum Mechanics（Reed Educational and Professional Publishing Ltd., 1977, 第三版）等，皆作了那样的叙述。

② 更全面地讲，早在 1921 年，美国物理学家亚瑟·康普顿（Arthur Compton）就提出过旋转电子的假设。但康普顿的侧重点与后来的研究完全不同，也未与实验紧密挂钩，一般不被视为是电子自旋概念的先导。

③ 碱金属原子双线光谱是能够较直接体现电子自旋效应的三类早期实验（现象）之一，另两类实验（现象）为反常塞曼效应（anomalous Zeeman effect）和斯特恩 - 盖拉赫实验（Stern-Gerlach experiment）。

他就见到了这位比自己想象中年轻得多的著名物理学家（克罗尼格后来回忆说，他当时想象的泡利是比自己大得多并且留胡子的）。可是，听克罗尼格叙述了自己的想法后，泡利却当头泼了他一盆冷水："这确实很聪明，但当然是跟现实毫无关系的。"这冷水大大打击了克罗尼格对自己假设的信心，使他没有及时发表自己的想法。约一年之后，当他见到乌仑贝克和古兹米特有关电子自旋的论文引起反响时[1]，不禁惊悔交集，在1926年3月6日给荷兰物理学家亨德里克·克拉默斯（Hendrik Kramers）的信中这样写道：

> 我特别意外而又最感滑稽地从2月20日的《自然》上注意到，带磁矩的电子在理论物理学家们中间突然又得宠了。但是乌仑贝克和古兹米特为什么不叙述为说服怀疑者而必须给出的新论据呢？……我有些后悔因否定意见而没在当时发表任何东西……今后我将多相信自己的判断而少相信别人的。

这里提到的"带磁矩的电子"就是指有自旋的电子，因为有自旋的电子必定有磁矩（在"自旋"一词足够流行之前，有自旋的电子常被称为"带磁矩的电子""磁性电子""旋转电子"等）。克罗尼格之所以表示"特别意外而又最感滑稽"，并提到"为说服怀疑者而必须做出的新论据"，是因为——如前所述——他在电子自旋方面的工作比乌仑贝克和古兹米特的更周详，却遭遇了泡利的冷水。不仅如此，他在几个月后曾访问过哥本哈根，在那里跟克拉默斯本人及沃纳·海森堡（Werner Heisenberg）也谈及过电子自旋假设，却也没得到积极反响。而短时间之

---

[1]　这指的是乌仑贝克和古兹米特有关电子自旋的第二篇论文，发表于1926年2月20日。这篇论文由于末尾附有玻尔的评论，因此反响较大。此外，这篇论文的内容较广，且首次引进了"自旋"（spin）一词。乌仑贝克和古兹米特有关电子自旋的第一篇论文发表于3个月前的1925年11月20日，且发表过程本身也不无曲折和戏剧性：在他们论文发表之前的10月16日，他们的导师保罗·艾伦菲斯特（Paul Ehrenfest）在给荷兰物理学家洛伦兹的信中提及了他们的工作，后者作为经典电子论的代表人物，很快就对电子作为经典带电球的转动方式进行了计算，结果发现为了给出乌仑贝克和古兹米特所假设的自旋大小，电子表面的转动线速度必须比光速还大得多。乌仑贝克和古兹米特得知这一结果后大为吃惊，决定不发表这一工作，但艾伦菲斯特已将他们的论文寄出，并安慰说："你们都还足够年轻，干点蠢事没关系"。

后，乌仑贝克和古兹米特有关电子自旋的并不比他当年更深入、也并无新论据的论文却引起了反响。

克拉默斯是玻尔在哥本哈根的合作者，因此玻尔也很快知悉了此事，他写信给克罗尼格表达了惊愕和遗憾，并希望他告知自己想法的详细演变，以便在注定会被写入史册的电子自旋概念的历史之中得到记载。收到玻尔的信时克罗尼格已将自己的工作整理成文，寄给了《自然》（该论文于1926年4月发表）。在给玻尔的回信中他写道：

> ……在有关电子自旋上公开提到我自己，我相信还是不做这样的事情为好，因为那只会使情势复杂化，而且也很难使乌仑贝克和古兹米特太高兴。如果不是为了嘲弄一下那些夸夸其谈型的、对自己见解的正确性总是深信不疑的物理学家，我是根本不会提及此事的。但归根到底，这种虚荣心的满足也许是他们力量的源泉，或使他们对物理的兴趣持续燃烧的燃料，因此人们也许不该为此而怪罪他们。

这段话虽未点名，但显然是在批评泡利，语气则是苦涩中带着克制。也许正是由于克罗尼格亲自表达的这种克制，使得电子自旋概念历史发展中的这段曲折在后来较长的时间里，主要只在一些物理学家之间私下流传，而未在诸如玻尔的科摩（Como）演讲（1927年）、泡利的诺贝尔演讲（1946年）等公开演讲中被提及，也未被多数教科书及专著所记载。

泡利对电子自旋的反对并不仅限于针对克罗尼格，乌仑贝克和古兹米特的论文也受到了他"一视同仁"的反对。乌仑贝克和古兹米特的论文发表之后不久的1925年12月11日有一场物理学家们的盛大"派对"，主题是庆祝荷兰物理学家亨德里克·洛伦兹（Hendrik Lorentz）获博士学位50周年，地点在洛伦兹的学术故乡莱顿（Leiden），参加者包括爱因斯坦和玻尔。其中玻尔在前往莱顿途中于12月9日经过泡利的"老巢"汉堡（Hamburg），泡利和德国物理学家奥托·斯特恩（Otto Stern）一同到车站与玻尔进行了短暂的会面。据玻尔回忆，在会面时泡利和斯特恩"都热切地警告我不要接受自旋假设"。由于玻尔当时确实对自旋假设尚存怀疑，原因是对"自旋‐轨道耦合"（spin-orbit coupling）的机制尚有疑问，这——用玻尔的话说——使得泡利和斯特恩"松了口气"。

不过那口气没松太久，因为玻尔的怀疑一到莱顿就被打消了——在莱顿他见到了爱因斯坦，爱因斯坦一见面就问玻尔关于旋转电子他相信什么，玻尔就提到了自己有关"自旋‐轨道耦合"机制的疑问。爱因斯坦回答说那是相对论的一个直接推论。这一回答——用玻尔自己的话说——使他"茅塞顿开"，"从此再不曾怀疑我们终于熬到了苦难的尽头"。这里，玻尔提到的"苦难"是指一些已困扰了物理学家们一段时间，不用自旋假设就很难解释的诸如反常塞曼效应、碱金属原子双线光谱那样的问题，而"自旋‐轨道耦合"是解释碱金属原子双线光谱问题的关键①。从莱顿返回之后，在给好友保罗·艾伦菲斯特（Paul Ehrenfest）的信中，玻尔表示自己已确信电子自旋是"原子结构理论中一个极其伟大的进展"。

就这样，不顾泡利和斯特恩的"热切警告"，玻尔"皈依"了电子自旋假设，并开始利用自己非同小可的影响力推介这一假设。在参加完"派对"的返回途中，他先后见到了海森堡和泡利，试图说服两人接受自旋假设。结果是海森堡未能抵挡住玻尔的雄辩，他在给泡利的信中表示自己"受到了玻尔乐观态度的很大影响"，"以至于为磁性电子而高兴了"。泡利则不同，虽不知怎的一度给玻尔留下了良好的自我感觉，以至于使后者在 12 月 22 日给艾伦菲斯特的信中表示"我相信我起码已成功地使海森堡和泡利意识到了他们此前的反对不是决定性的"，实际上却始终没有停止过"顽抗"，而且不仅自己"顽抗"，还一度影响到了已站到玻尔一边的海森堡，使之又部分地站到了泡利一边。

泡利和海森堡虽都才二十几岁，却都早已是成熟而有声誉的物理学家了，尤其海森堡，当时已是矩阵力学的创始人。他们继续对自旋假设持反对看法并不是意气之举，而是有细节性的理由的，那理由就是基于电子自旋对碱金属原子双线光谱问题所作的计算尚存一个"因子 2"（factor of 2）的问题，即计算结果比观

---

① 在这点上克罗尼格足可自豪，因为这个连玻尔都需要经由爱因斯坦的"点拨"才"茅塞顿开"的耦合机制，克罗尼格独立地理解了。当然，所有这些人的理解都还缺少一个小小的细节——一个"因子 2"（factor of 2）的问题，这我们很快将要提到。

测值大了一倍。这个为泡利和海森堡的"顽抗"提供了最后堡垒的问题一度难倒了所有人，最终却被一位英国小伙子卢埃林·托马斯（Llewellyn Thomas）所发现的如今被称为"托马斯进动"（Thomas precession）的相对论效应所解决。托马斯进动的存在，尤其是它居然消除了"因子2"那样显著的差异，而不像普通相对论效应那样只给出 v/c 一类的小量，大大出乎了当时所有相对论专家的意料。

托马斯的这项工作是在哥本哈根完成的，玻尔自然"近水楼台先得月"，在第一时间就知晓了。正为难以说服泡利和海森堡而头疼的他非常高兴，于1926年2月20日给两人各写了一封信，介绍托马斯的这项他称之为"对博学的相对论理论家及负有重责的科学家们来说是一个惊讶"的工作。其中在给海森堡的信中，他几乎是以宣告胜利的口吻满意而幽默地表示"我们甚至不曾在泡利对我的惯常鲁莽所持的严父般的批评面前惊慌失措"[1]。

不过，口吻虽像是宣告胜利，玻尔的信其实并未起到即刻的说服作用。海森堡和泡利收信后都提出了"上诉"，其中态度不太坚定的海森堡的"上诉"口吻也不那么坚定，只表示了自己尚不能理解托马斯的论证，"我想您对于不能很快理解这个的读者的糊涂是应该给予适当的照顾的"。泡利则不仅先后写了两封回信对托马斯的论证进行驳斥，并且建议玻尔阻止托马斯论文的发表或令其作出显著修改。稍后，古兹米特访问了泡利，他也试图说服泡利接受托马斯的论证，并且带来了托马斯的论文。泡利依然不为所动，在给克拉默斯的信中强力反驳。泡利的反对理由之一是不相信像托马斯所考虑的那种运动学因素能解决问题，在他看来，假如电子果真有自旋，就必须得有一个关于电子结构的理论来描述它，这个理论必须能解释诸如电子质量之类的性质。但是，玻尔3月9日的一封强调问题的症结在于运动学的信终于成功地完成了说服的使命。三天后，即3月12日，泡利在回信中表示："现在我别无选择，只能无条件地投降了"，"我现在深感抱歉，

---

① 我特别爱读那个年代物理学家们的信件，那字里行间流露出的幽默和真诚是他们个人魅力和融洽关系的写照，也是量子力学发展史之所以充满魅力的一个虽非最重要，但起码是增色不少的因素。爱因斯坦在1920年8月与玻尔的一次会面之后，曾在给洛伦兹的一封信中写道："杰出的物理学家大都也是优秀的人，这对物理学是个好兆头。"

因为我的愚蠢给您添了那么多麻烦"。在信的最后，泡利重复了自己的歉意："再次请求宽恕（也请托马斯先生宽恕）。"

泡利的"投降书"标志着电子自旋概念得到公认的最后"障碍"被"攻克"，也结束了泡利的第一次错误。关于这次错误，托马斯曾在 1926 年 3 月 15 日给古兹米特的信中作过几句戏剧性——甚至不无戏谑性——的评论："您和乌仑贝克的运气很好，你们有关电子自旋的论文在被泡利知晓之前就已发表并得到了讨论""一年多前，克罗尼格曾想到过旋转电子并发展了他的想法，泡利是他向之出示论文的第一个人……也是最后一个人""所有这些都说明上帝的万无一失并未延伸到自称是其在地球上的代理的人身上"[①]。

不过，虽然泡利这次错误的过程及最终的"无条件地投降"和"请求宽恕"都有一定的戏剧性——尤其是与他批评尖刻和不留情面的名声相映成趣的戏剧性，但真正的戏剧性却是在幕后。事实上，在电子自旋概念的问世过程中，貌似扮演了"反面角色"的泡利在很大程度上其实是最重要的幕后推手[②]。不仅如此，关于泡利这次错误本身，我们也很有些可以替他辩解的地方。这些——以及泡利跟克罗尼格彼此关系的后续发展等——我们将作为泡利第一次错误的幕后花絮，在下一节中进行介绍。

6.3　第一次错误的幕后花絮

读者们想必还记得，上一节的叙述是从 1925 年 1 月克罗尼格提出电子自旋假设开始的。在本节中，为了介绍幕后花絮，我们将把时间范围稍稍延展一点，

---

① 这最后一句显然是影射泡利的外号："上帝的鞭子"（God's whip）。不过这一外号是艾伦菲斯特取的，起码就起源而言并非泡利的"自称"。

② 除泡利外，电子自旋概念问世过程中还有两位重要的幕后推手，那就是玻尔和爱因斯坦。这其中玻尔的作用是明显的：离开莱顿之后，他如"先知"般执着地传播着电子自旋的"福音"（"先知"和"福音"都是玻尔在给艾伦菲斯特的信中亲自使用的词），并为最终说服泡利立下了汗马功劳（当然"前台"工作人员托马斯的贡献也是极其重要的）。而爱因斯坦的直接参与虽然只是"一句话"，却同样很重要，因为正是这一句话把原本也心存怀疑的玻尔变成了"先知"。

从跟克罗尼格、乌仑贝克、古兹米特有关的事件往前推一小段时间。在那段时间里，一个很显著的事实是：比那几位"小年轻"（其实乌仑贝克跟泡利同龄，另两位也只略小）都更早，泡利就已对后来成为电子自旋概念之例证的若干实验难题展开了研究。

这种研究的一个典型例子，是从 1922 年秋天到 1923 年秋天那段时间里，泡利对反常塞曼效应（anomalous Zeeman effect）所做的思考。1946 年，泡利在《科学》（Science）杂志撰文回忆当时的情形时，写过一段被广为引述的话：

> 一位同事看见我在哥本哈根美丽的街道上漫无目的地闲逛，便友好地对我说："你看起来很不开心啊。"我则恶狠狠地回答说："当一个人思考反常塞曼效应时，他看上去怎么会开心呢？"

不过，尽管"看起来很不开心"，泡利的思考还是有成果的。比如当时虽不成功但比较流行的一种设想，是用原子内层电子组成的所谓"核心"（core）的性质来解释那些实验难题，泡利则认为外层电子的性质才是问题的关键所在。这种将注意力由群体性的内层电子转向个体性的外层电子的做法，是往解决问题的正确方向迈出的重要一步。

更重要的一步则是 1924 年底，泡利在对包括那些实验难题在内的大量实验现象及理论模型进行分析的基础之上，提出了著名的泡利不相容原理（Pauli exclusion principle）。

放在大背景下看，虽然泡利是我非常喜欢，并且是迄今唯一写过多篇文章加以介绍的物理学家，但平心而论，与同时代的其他量子力学先驱——尤其是与他几乎同龄的海森堡和保罗·狄拉克（Paul Dirac）——的贡献相比，"泡利不相容原理"这一泡利的"招牌贡献"是比较逊色的，简直就是一个经验定则[①]。这一点

---

① 当然，这是就其由来而言的（因为归纳成分较大）。从有效性上讲，泡利不相容原理则具有很基础的地位，绝非通常只具近似意义的经验定则可比。另外值得一提的是，泡利在与泡利不相容原理相关的方向上还做过一件很漂亮的后续工作——于 1940 年证明了著名的"自旋 - 统计定理"（spin–statistics theorem）。

泡利本人估计也是清楚的——据印度裔美国科学史学家杰格迪什·梅拉（Jagdish Mehra）回忆，泡利在去世前不久曾跟他说过这样的话：

> 　年轻时我以为自己是当时最好的形式主义者，是一个革命者。当伟大的问题到来时，我将是解决并书写它们的人。伟大的问题来了又去了，别人解决并书写了它们。我显然是一个古典主义者，而不是革命者。

不过，放在大背景下看虽比较逊色，对于电子自旋概念的诞生来说，泡利不相容原理的影响却是非常重要的。

用最简单的话说，泡利不相容原理有两层内涵：一是给出了描述原子中电子状态的一组共计 4 个量子数；二是指出了不能有两个电子的量子数取值完全相同。两层内涵之中，"不相容"性体现在第二层，对电子自旋概念的诞生有重要影响的则是第一层，即对原子中电子状态的描述。克罗尼格曾经回忆说，他 1925 年 1 月从美国来到朗德的实验室访问时，朗德给他看了泡利写给自己的一封信，那封信包含了泡利不相容原理的一种"深具泡利特色"（so characteristic of its author）的非常清晰的表述。在表述中，泡利赋予电子的 4 个量子数之中，有一个的取值为轨道角动量的分量加上或减去 1/2。这样一个量子数与电子自旋概念可以说是只有一步之遥了，因为能与轨道角动量的分量相加减，同时又属于电子本身的物理量还能是什么呢？最自然的诠释无疑就是自旋角动量。而加上或减去的数值为 1/2 则无论从数值本身还是从只有两个数值这一特点上讲，都意味着自旋角动量的大小为 1/2[1]。泡利提出了这样一个量子数，却居然没有亲自提出电子自旋概念，甚至在有人提出之后还一度反对，这是为什么呢？我们将在稍后进行评述。但泡利这封信对克罗尼格的影响是巨大的，用克罗尼格自己的话说，他一看到泡利这封信，就"立刻想到"那 1/2 "可以被视为电子的内禀角动量"。因此，克罗尼格

---

[1]　因为当时人们已经知道，一个大小为 J 的角动量的取值为 $J, J–1, \cdots, –J$，总计 $2J + 1$ 个数值。

虽然是因泡利的冷水而与率先发表电子自旋概念的机会失之交臂[1]，但这一机会的出现本身却也得益于泡利，可谓"成也萧何，败也萧何"。

不仅如此，乌仑贝克和古兹米特之提出电子自旋概念，同样也是受到了泡利不相容原理的影响。在提出电子自旋概念30年后的1955年，昔日的"小年轻"乌仑贝克获得了莱顿大学的以洛伦兹名字命名的资深教职，在为接受这一职位而发表的演讲中，他回顾了提出电子自旋概念的经过，其中明确提到"古兹米特和我是通过研读泡利的一篇表述了著名的不相容原理的论文而萌生这一想法的"。[2]

因此，说泡利是电子自旋概念问世过程中最重要的幕后推手是毫不过分的（虽然在主观上，他不仅不支持，一度还反对所"推"出的概念）。事实上，1934年，泡利甚至因这方面的贡献而与古兹米特一同被法国物理学家莱昂·布里渊（Léon Brillouin）提名为诺贝尔物理学奖的候选人——可惜并未因之而真正获奖（泡利真正获奖是1945年因泡利不相容原理）。

现在让我们回到刚才的问题上来：一位如此重要的幕后推手，提出了与电子自旋概念如此接近的量子数，却为何没有亲自提出电子自旋概念，甚至在有人提出之后还一度反对？原因主要有两个。其中首要的原因在于泡利是当时接受量子观念最彻底的年轻物理学家（甚至可以说没有"之一"），很激烈地排斥有关微观世界的经典模型（从这个意义上讲，他对梅拉所说的年轻时以为自己是"革命者"其实是很贴切的评价）。在那几年发表的论文中，他甚至尽力避免带有经典模型色彩的诸如"轨道角动量""总角动量"等当时已被包括他导师阿诺德·索末菲

---

[1] 严格地说，把克罗尼格"与率先发表电子自旋概念的机会失之交臂"完全归因于"泡利的冷水"也并不合适，因为如我们在上一节中提到的，克罗尼格在被泡利泼了冷水之后不久访问过哥本哈根，在那里跟克拉默斯与海森堡也谈及过电子自旋假设，却也没得到积极反响，那对他显然也是有影响的。不仅如此，由于克罗尼格的研究比较深入，他甚至遭遇了乌仑贝克和古兹米特不曾涉及的"因子2"的问题，这个当时还无人能解的问题也进一步动摇了他对电子自旋假设的信心。

[2] 关于乌仑贝克和古兹米特提出电子自旋概念的过程，还有一个小细节值得一提，那就是泡利在诺贝尔演讲中表示他1924年提出的原子核的自旋概念也曾对乌仑贝克和古兹米特提出电子自旋概念有过启示，但古兹米特对这一点予以了否认，表示他和乌仑贝克当时并未注意到泡利的那一工作。

（Arnold Sommerfeld）在内的很多物理学家所采用的术语，而宁愿改用"量子数k""量子数j_p"那样的抽象名称，即便在不得不使用前者时——比如在为了与索末菲的术语相一致时——也常在其后添上"量子数"一词，以突出非经典的特性。那个使克罗尼格"立刻想到""可以被视为电子的内禀角动量"的 1/2，则被他完全抽象地称为"描述电子的一种'双值性'（two-valuedness）"。在这样的"革命习惯"下，泡利之反对电子自旋概念就变得顺理成章了——正如他在 1946 年所做的诺贝尔演讲中回忆的，初次接触到有关电子自旋的想法时，他就"因其经典力学特性而强烈地怀疑这一想法的正确性"。如今回过头来看，可以替泡利辩解的是，他对电子自旋概念的反对虽被公认为是错误，但他的怀疑角度其实算不上错，因为电子自旋概念虽已被普遍接受，其不具有经典模型这一特点也同样已被普遍接受[①]。假如泡利对待电子自旋概念像他偶尔对待其他带经典模型色彩的术语那样，只在其后添上"量子数"一词，以突出非经典的特性，则历史或许会少掉一些波折。

　　泡利反对电子自旋概念的另一个原因，是他早在 1924 年就亲自研究过粒子自旋的经典模型，他的计算表明核子自旋是可能的，但电子自旋由于是相对论性的（即转动线速度与光速相比并非小量），其角动量不是运动常数，而跟随时可变的电子的相对论运动质量密切相关，从而与电子自旋假设所要求的自旋角动量的分立取值相矛盾。他的这个怀疑角度也是很值得赞许的，因为它不仅比洛伦兹的计算（参阅第 26 页注①）更早，而且也显示出泡利是一个既注重观念又不完全拘泥于观念的物理学家——他在观念上激烈地排斥经典模型，却并未因此而摒弃针对经典模型的脚踏实地的计算，他的"一言之贬"的背后是有缜密的思考背

---

① 这不仅是因为电子自旋的经典模型如洛伦兹的计算（参阅第 26 页注①）所示，要求电子表面的转动线速度大于光速；或如泡利的计算（参阅后文）所示，与电子自旋角动量的分立取值相矛盾，而且还有更一般的理由。事实上，哪怕不构筑任何具体模型，只是泛泛地将电子视为经典粒子，将电子自旋角动量视为经典角动量，就足以遇到麻烦——因为那样的经典粒子理应能用带质量、电荷和角动量三个参数的广义相对论的克尔（Kerr）解来描述，但那样的描述会导致线度为电子的康普顿波长（Compton wavelength）——约 10^{-12} 米——的奇环（ring singularity），与实验观测明显矛盾。

景的[①]。可惜的是，电子自旋确实是不存在经典模型的，从而脚踏实地的计算反而为泡利反对电子自旋概念提供了进一步的理由。在这点上，他跟乌伦贝克和古兹米特因洛伦兹的计算而决定不发表文章（参阅第 26 页注①）是类似的——所不同的，乌伦贝克和古兹米特由艾伦菲斯特替他们做了主，泡利则不仅做了自己的主，还影响了克罗尼格。

评述完泡利反对电子自旋概念的原因，顺便也谈一点电子自旋概念的后续发展——因为那跟泡利也有着密切关系。泡利虽一度反对电子自旋概念，但在"投降"之后却率先给出了电子自旋的数学描述。这方面与他竞争的有海森堡、德国数学家帕斯卡·约尔当（Pascual Jordan）、英国物理学家查尔斯·高尔顿·达尔文（Charles Galton Darwin）等人。那些竞争者都试图用矢量来描述电子自旋，结果未能如愿。泡利 1927 年采用的泡利矩阵（Pauli matrices）及二分量波函数的描述表示则取得了成功[②]。电子自旋的数学表述最终使自旋获得了一个抽象意义，即成为旋转群的一个表示，这对泡利来说是不无宽慰的。多年之后，他在为玻尔 70 岁生日撰写的文章中特别提到，"在经过了一小段心灵上的和人为的混乱之后"，人们达成了以抽象取代具体图像的共识，特别是"有关旋转的图像被三维空间旋转群的表示这一数学特性所取代"。

作为花絮的尾声，我们来谈谈泡利与克罗尼格彼此关系的后续发展。从上一节引述的克罗尼格给玻尔的信件来看，克罗尼格在为自己的不够自信感到后悔的

---

① 除这两个原因之外，荷兰数学家兼科学史学家范·德·瓦尔登（van der Waerden）还提到了另一个原因，那就是泡利注意到了电子磁矩在不同情形下似乎有不同的大小，比如在碱金属原子双线光谱问题中似乎只有平常的一半大。这个实际上等同于"因子 2"问题（因该问题在表观上可通过将电子磁矩减小一半来解决）的观察，被泡利视为电子不具有确定磁矩的证据，从而再次印证了他对经典模型的怀疑，也为他反对电子自旋概念提供了又一理由。不过泡利与海森堡的通信显示，泡利是在 1925 年 11 月才知道碱金属原子双线光谱的计算结果比观测值大了一倍的问题（即"因子 2"问题）的，因此上述理由起码在泡利给克罗尼格泼冷水时应该是还不存在的。

② 一些物理学家和科学史学家——比如克罗尼格、范·德·瓦尔登、索末菲等——认为泡利所给出的电子自旋的数学描述对狄拉克提出狄拉克方程（Dirac equation）有过启示。不过，狄拉克本人明确否认了这种联系。狄拉克表示他当时根本没考虑自旋，自旋自动出现在他的方程式中是使他大吃一惊的结果。从狄拉克方程的推演过程来看，我倾向于认同狄拉克的说法。

同时，对泡利是颇有些不满的，以至于要"嘲弄一下那些夸夸其谈型的、对自己见解的正确性总是深信不疑的物理学家"，甚至说出了"这种虚荣心的满足也许是他们力量的源泉，或使他们对物理的兴趣持续燃烧的燃料"那样的重话。不过，一时的情绪并未使克罗尼格与泡利的关系从此恶化，相反，他们后来的人生轨迹有着持久而真诚的交汇。

1928年4月，28岁的泡利成为苏黎世联邦理工学院（ETH Zurich）的理论物理教授，24岁的克罗尼格则于稍后应邀成为他的第一任助教。后来，克罗尼格前往荷兰格罗宁根大学（University of Groningen）任职，泡利则替他写了推荐信。1935年，克罗尼格在荷兰乌特勒支大学（Utrecht University）遭遇了不愉快的经历——因不是荷兰人而在求职时败给了乌仑贝克，他写信向泡利诉苦，泡利立即回信进行了安慰，除表示克罗尼格是比乌仑贝克更优秀的物理学家外，还写道："使我高兴的是，尽管在图宾根就你提出的自旋问题做出过胡乱评论，你仍然认为我配收到来信。"这实际上是就"历史问题"向克罗尼格正式道了歉。

1958年，物理学家们开始替即将到来的泡利的60岁生日筹划庆祝文集。克罗尼格为文集撰写了篇幅达30多页的长文。在文章中，他回忆了与泡利交往的点点滴滴，其中包括在苏黎世担任泡利助教期间跟泡利及瑞士物理学家保罗·谢尔（Paul Scherrer）一同出去游泳、远足，穿着浴衣吃午饭，监视着不让泡利吃太多冰激凌等趣事①。在文章的末尾，他写道："我时常追忆在苏黎世的岁月，不仅作为最有教益的时光，而且也是我一生中最振奋的时期。"

1958年12月15日，泡利在苏黎世去世，筹划中的庆祝文集后来成为纪念文集，玻尔为文集撰写了序言，海森堡、列弗·朗道（Lev Landau）、吴健雄（C. S. Wu）等十几位泡利的生前友朋撰写了文章，克罗尼格的长文紧挨着玻尔的序言被

---

① 热爱自然规律的人往往也热爱并懂得享受自然和人生，这在量子物理学家们那些比比皆是的迷人而多姿的生活趣事中体现得很充分。我有时候会想，"科学家"在很多现代人心中越来越变成了呆板、乏味、不修边幅、心不在焉的代名词，究竟是世风日下、竞争日盛、科学产业化、学者工人化所致呢，还是被影视片中某些样板化得如同滑稽人物似的科学家形象所误导？或许兼而有之吧。

编排在正文的第一篇。克罗尼格为长文添加了一小段伤感的后记：

上文的最后一段写于 12 月 14 日，泡利去世前的那个晚上。泡利的去世对他的所有朋友都是一个巨大的震惊。在他们的记忆里，以及在物理学史上，他将永远占据一个独一无二的位置。

这段后记为他和泡利 30 多年的友谊画下了真诚的句号。

6.4 泡利的第二次错误：宇称守恒

现在我们来谈谈泡利的第二次错误——有关宇称守恒的错误[1]。

1956 年 6 月，泡利收到了来自李政道（T. D. Lee）和杨振宁（C. N. Yang）的一篇题为《宇称在弱相互作用中守恒吗？》（*Is Parity Conserved in Weak Interactions?*）的文章。这篇文章就是稍后发表于《物理评论》（*The Physical Review*）杂志，并为两位作者赢得 1957 年诺贝尔物理学奖的著名论文《弱相互作用中的宇称守恒质疑》（*Question of Parity Conservation in Weak Interactions*）的预印本。李政道和杨振宁在这篇文章中提出宇称守恒在强相互作用与电磁相互作用中均存在很强的证据，在弱相互作用中却只是一个未被实验证实的"外推假设"（extrapolated hypothesis）。不仅如此，他们还提出当时困扰物理学界的所谓"θ-τ之谜"（θ-τ puzzle），即因宇称不同而被视为不同粒子的 θ 和 τ 具有完全相同的质量与寿命这一奇怪现象，有可能正是宇称不守恒的证据，因为 θ 和 τ 有可能实际上是同一粒子。并且他们还提出了一些检验弱相互作用中宇称是否守恒的实验。

但泡利对宇称守恒却深信不疑，对于检验弱相互作用中宇称是否守恒的实验，他在 1957 年 1 月 17 给奥地利裔美国物理学家维克托·韦斯科夫（Victor

---

[1] 宇称守恒，或者说宇称对称性，是指物理定律在坐标反演（$r \to -r$）下不变。在三维空间中，通过旋转对称性，坐标反演可以约化为镜面反射，从而宇称守恒常被通俗地表述为：从镜子里看世界，物理定律依然成立。

Weisskopf）的信中表示（着重是原信就有的）：

> 我不相信上帝是一个弱左撇子，我准备押很高的赌注，赌那些实验将会显示……对称的角分布……

这里所谓"对称的角分布"指的是宇称守恒的结果——也就是说泡利期待的是宇称守恒的结果。

富有戏剧性的是，比泡利的信早了两天，即1957年1月15日，《物理评论》杂志就已收到了吴健雄等人的论文《贝塔衰变中宇称守恒的实验检验》（*Experimental Test of Parity Conservation in Beta Decay*），为宇称不守恒提供了实验证明；比泡利的信早了一天，即1957年1月16日，消息灵通的《纽约时报》（*The New York Times*）就已用"物理学中的基本概念在实验中被推翻"（*Basic Concept in Physics Is Reported Upset in Tests*）为标题，在头版报道了被其称为"中国革命"（Chinese Revolution）的吴健雄等人的实验。

区区一两天的消息滞后，让泡利不幸留下了"白纸黑字"的错误。

但泡利的消息也并非完全不灵通，在发出那封倒霉信件之后几乎立刻，他就也得知了吴健雄实验的结果；到了第四天，即1957年1月21日，各路"坏"消息就一齐汇总到了他那里：首先是上午，收到了李政道和杨振宁等人的两篇新论文，外加瑞士物理学家费利克斯·维拉斯（Felix Villars）转来的《纽约时报》的报道（即那篇1月16日的报道）；其次是下午，收到了包括吴健雄实验在内的三组实验的论文。这些结果使泡利感到"很懊恼"，唯一值得庆幸的是他没有真的陷入赌局，从而没有因"很高的赌注"遭受钱财损失——他在给韦斯科夫的另一封信中表示，"我能承受一些名誉的损失，但损失不起钱财"[①]。稍后，在给玻尔的信中，泡利的懊恼心情平复了下来，以幽默的笔调为宇称守恒写了几句讣文：

---

① 对此，韦斯科夫在自传中不无自豪地表示是自己心中的"善"占了上风，才没有在回复泡利1月17日的信件时答应跟泡利赌1000美元！

我们本着一种伤心的职责，宣告我们多年来亲爱的女性朋友——宇称——在经历了实验手术的短暂痛苦后，于 1957 年 1 月 19 日平静地去世了。

讣文的落款是当时已知的三个参与弱相互作用的粒子："e，μ，ν"（即电子、μ子、中微子）[1]。

1957 年 8 月 5 日，泡利在给瑞士精神科医生兼心理学家卡尔·荣格（Carl Jung）的信中为自己的此次错误作了小结："现在已经确定上帝仍然是——用我喜欢的表述来说——弱左撇子""在今年 1 月之前，我对这种可能性从未有过丝毫考虑"。

如果深挖"历史旧账"的话，那么泡利对宇称守恒的深信不疑还使他在二十多年前的另一个场合下犯过错误。1929 年，著名德国数学家赫尔曼·外尔（Hermann Weyl）从数学上提出了一个二分量的量子力学方程式，描述无质量的自旋 1/2 粒子。这个方程式的一个显著特点就是不具有宇称对称性。1933 年，泡利在被称为量子力学"新约"（New Testament）的名著《量子力学的普遍原理》（*General Principles of Quantum Mechanics*）中，以不具有宇称对称性为由，将这一方程式判定为不具有现实意义。在宇称守恒受到李政道和杨振宁的质疑之后，几乎与实验证实同时，李政道和杨振宁、苏联物理学家朗道、巴基斯坦物理学家阿卜杜勒·萨拉姆（Abdus Salam）等人都重新引入了不具有宇称对称性的二分量方程式，用以描述此前不久才被发现，与宇称不守恒有着密切关系的中微子（neutrino）[2]。而泡利则在 1958 年再版自己的"新约"时针对这些进展添加了注释，成为"新约"中量子力学部分为数极少的修订之一。

---

[1]　细心的读者也许注意到了，泡利把宇称"去世"的日期搞错了几天，不知这是否意味着心情尚未完全平复。

[2]　当然，外尔的二分量方程式是针对无质量粒子的，在中微子有质量的情形下并不完全适用，不过这跟泡利的反对理由是两码事。另外值得一提的是，萨拉姆有关中微子方程式的文章在发表前曾给泡利看过，泡利通过维拉斯转达的评价是："请向我的朋友萨拉姆问好，并告诉他思考点更好的东西。"

6.5 · 第二次错误的幕后花絮

以上就是泡利第二次错误的大致情形。值得一提的是，泡利的两次错误都未诉诸论文，这跟爱因斯坦和玻尔的错误相比，无疑是情节轻微的表现。此外，与他在第一次错误中实际起到了"幕后推手"作用，且颇有可辩解之处相类似，泡利的第二次错误不仅情节轻微——甚至没有像第一次错误那样对别人产生过负面影响（即便是"历史旧账"里的二分量方程式，虽被他"错划为"不具有现实意义，但在中微子被发现之前原本也不具有"现实意义"），而且同样也起到了某种"幕后推手"作用，并且也同样有一些可辩解之处。这可以算是泡利第二次错误的幕后花絮。

我们在《玻尔的错误》一文中曾经提到，1929 年，在试图解决 β 衰变中的能量问题时，玻尔再次提出了能量不守恒的提议，并遭到了泡利的反对[①]。但是，比单纯的反对更有建设性的是，泡利于 1930 年提出了解决这一问题的正确思路：中微子假设——虽然"中微子"这一名称是意大利物理学家恩里科·费米（Enrico Fermi）而不是泡利所取的[②]。

泡利不仅提出了中微子假设，而且积极呼吁实验物理学家去搜索它。1930 年12 月 4 日，他给在德国图宾根参加放射性研究会议的与会者们发去了一封措辞幽默的公开信。这封公开信以"亲爱的放射性女士和先生们"为称呼，以表达因参加一个舞会而无法与会的"歉意"为结束，内容则是推介他的中微子假设。泡利在信中表示自己"迄今还不敢发表有关这一想法的任何东西"，但由 β 衰变中的

---

① 顺便介绍一下泡利的反对理由，主要有两条：一条是电荷守恒，能量动量有什么理由不守恒？另一条是 β 衰变在表观上总是损失能量，若能量果真不守恒，有什么理由总是损失能量，而从不增加能量？

② 泡利给中微子所取的名字是"中子"（neutron），这个名字不久之后被我们如今称为"中子"的粒子所"占有"。另外值得一提的是，泡利所假设的中微子在具体参数上跟真实的中微子存在很大差异，比如其质量被假定为与电子相当，磁矩的上限被大大高估，穿透能力则被大大低估。但这些都是可以理解的，在那样早期的阶段，定性远比定量重要，而中微子所具有的质量轻、穿透性高、磁矩小等性质在定性上基本都被涵盖了。

能量问题所导致的"局势的严重性"使他觉得"不尝试就不会有收获","必须认真讨论挽救局势的所有办法",他因此呼吁对中微子假设进行"检验和裁决"。

由于相互作用的极其微弱，中微子直到 1956 年才由美国物理学家克莱德·柯温（Clyde Cowan）和弗雷德里克·莱因斯（Frederick Reines）等人在实验上找到[①]。这个由泡利提出并呼吁搜索的意在解决 β 衰变中的能量问题的中微子不仅是弱相互作用的核心参与者之一，而且其状态及相互作用都直接破坏宇称对称性[②]，从而堪称是宇称不守恒的"罪魁祸首"——虽然在吴健雄等人的实验中，中微子并不是被直接探测的粒子。从这个意义上讲，泡利对于宇称不守恒而言，是起到了某种"幕后推手"作用的，最低限度说，也是有着藕断丝连的正面影响的，这使他的第二次错误也如第一次错误那样，具有了独特的戏剧性。泡利自己对这种戏剧性也有过一个简短描述：在吴健雄实验成功后不久，泡利在给这位被他赞许为"无论作为实验物理学家还是聪慧而美丽的年轻中国女士"都给他留下深刻印象的物理学家的祝贺信中写道："中微子这个粒子——对其而言我并非局外人——还在为难我"[③]。

---

① 不过早在 1953 年，中微子存在的早期证据就传到了泡利所在的苏黎世。泡利兴奋地携几位同事登上了苏黎世附近的玉特利山（Üetliberg），并喝了不少红酒。据一位同事回忆，在下山途中，泡利说了一句令他终生铭记的话："记住，所有好事都垂青于有耐心的人。"不过，中微子的发现直到 1995 年才获颁诺贝尔物理学奖，已风烛残年但侥幸健在的莱因斯算是"有耐心"地等到了，柯温却很遗憾地在 21 年前就去世了。

② 在粒子物理标准模型中，中微子原本只存在左手（left-handed）态，从而直接并且最大化地破坏了宇称对称性——被称为"宇称的最大破坏"（maximal violation of parity）。中微子被发现有质量之后，情势复杂化了，目前尚无扩展标准模型的唯一方案，宇称的破坏有可能不再是最大化的，但中微子的状态及相互作用依然是直接破坏宇称对称性的。

③ 泡利与吴健雄相识于 1941 年泡利访问加州大学伯克利分校（University of California at Berkeley）期间，对吴健雄的前述赞许来自泡利 1957 年 8 月 5 日给荣格的信。作为比较，另两位有幸（或不幸？）与泡利交往过的华人物理学家——周培源和胡宁——从他那儿得到的评价就乏善可陈了：周培源 1929 年在泡利处工作过，泡利在接受普林斯顿高等研究院的询问（因周于 1936 年申请到该院工作）时表示："我对他的科学才能没有太好的印象"；胡宁 1944 年在泡利处工作过，泡利在给朋友的信里表示："胡只在数值计算上有用，我很想把他赶走，但不太知道能赶他去哪里。"

泡利为什么对宇称守恒深信不疑呢？他后来在给吴健雄的信中解释说，那是因为宇称在强相互作用下是守恒的，而他不认为守恒定律会跟相互作用的强度有关，因此不相信宇称在弱相互作用下会不守恒。不过，这一理由虽适用于他 1957 年的观点，却似乎不足以解释他的"历史旧账"，即在 1933 年出版的量子力学"新约"中以宇称不守恒为由将外尔的二分量中微子方程式视为不具有现实意义。因为那时强相互作用的概念才刚刚因中子的发现（1932 年）而诞生，参与强相互作用的重要粒子——介子——尚未被发现，而介子的宇称更是迟至 1954 年才得到确立，那时的宇称守恒哪怕在强相互作用下恐怕也算不上已被确立，而只是有关对称性的普遍信念的一部分，或是被美国物理学家史蒂文·温伯格（Steven Weinberg）列为爱因斯坦的错误之一的以美学为动机的简单性的一种体现。也许，对那种普遍信念的追求才是泡利此次错误的真正——或最早——的根源。

关于泡利的第二次错误，也有一些可替他辩解的地方，因为无论是有关对称性的普遍信念，还是具体到对宇称守恒的深信不疑，在当时都绝非泡利的独家观点，而在很大程度上可以算是主流看法。虽然李政道和杨振宁的敏锐质疑极是高明，但在质疑得到证实之前，那种主流看法本身其实谈不上错误，因为科学寻求的是对自然现象逻辑上最简单的描述，而对称性正是一种强有力的简化描述的手段。在被证实失效之前，对那样的手段予以信任、坚持，乃至外推是很正常的，也是多数物理学家的共同做法。比如美国实验物理学家诺曼·F. 拉姆齐（Norman F. Ramsey, Jr.）曾就是否该将宇称不守恒的可能性诉诸实验征询理查德·费曼（Richard Feynman）的看法，费曼表示他愿以 50∶1 的比例赌那样的实验不会发现任何东西。这跟泡利的"很高的赌注"有着同样的"豪爽"。可惜拉姆齐虽表示这赌约对他已足够有利，却并未真正付诸实践，从而费曼也跟泡利一样在钱财上毫发无损。又比如瑞士物理学家费利克斯·布洛赫（Felix Bloch）曾与斯坦福大学物理系的同事打赌，如果宇称不守恒，他愿吃掉自己的帽子——后来不得不狡辩说幸亏自己没有帽子[1]！这些物理学家都不是无名之辈：布洛赫是 1952 年的诺

---

[1]　这件逸闻是李政道在给美国科罗拉多大学的科学史学家阿伦·富兰克林（Allan Franklin）的信件中讲述的。

贝尔物理学奖得主，费曼是 1965 年的诺贝尔物理学奖得主，拉姆齐是 1989 年的诺贝尔物理学奖得主。

最后还有一点值得提到，那就是：泡利从 1952 年就开始研究场论中的离散对称性，是对基本粒子理论中的对称性进行研究的先驱者和顶尖人物之一。1954 年，他与德国物理学家格哈特·吕德斯（Gerhart Lüders）在能量有下界、洛伦兹不变性（Lorentz invariance）等场论的最一般性质的基础之上证明了所谓的 CPT 对称性——由电荷共轭（charge conjugation）、宇称及时间反演（time reversal）组成的联合对称性必须成立。这个被称为吕德斯 - 泡利定理（Lüders–Pauli theorem）或 CPT 定理（CPT theorem）的著名结果在当时似乎是多此一举的，因为其所涉及的电荷共轭、宇称及时间反演对称性被认为分别都是成立的。但随着宇称不守恒的发现，很多同类（即离散）的对称性——如电荷共轭对称性、时间反演对称性、电荷共轭及宇称（charge conjugation and parity，CP）联合对称性等——相继"沦陷"，唯有 CPT 对称性如激流中的磐石一般屹立不倒，使 CPT 定理的重要性得到了极大的凸显，成为量子场论——尤其是公理化量子场论——中最基本的定理之一。

6.6　结语

有关泡利的错误就介绍到这里了。泡利那广为人知的尖刻和不留情面或许会给人一个刚愎自用、不易相处的印象，其实，在真正熟悉泡利的人眼里，与泡利共事不仅是一种殊荣，也是一种愉快——就如克罗尼格所回忆的：

> 泡利不愿容忍粗疏的思考，却随时准备着给予别人应得的荣誉，并且随时准备着承认自己的错误——只要有人能提出有效的反驳。他也很乐意以参加周日远足的方式让你平衡他在苏黎世湖（Zürichsee）上游泳的优势，因为远足对他要比对小块头的人来得困难。

这就是泡利——智慧、坦诚、幽默，甚至带点体贴的泡利。

最后要说明的是，我们介绍泡利的错误，绝不是——哪怕借着"六一"的气氛——拿泡利寻开心，而是与介绍爱因斯坦的错误和玻尔的错误有着相同的用意，即试图说明无论声誉多么崇高、功力多么深厚、思维多么敏锐的科学家都难免会犯错。犯错无损于他们的伟大，也无损于科学的伟大。事实上，科学一直是犯着错误，不断纠正着错误才走到今天的，永远正确绝不是科学的特征——相反，假如有什么东西标榜自己永远正确，那倒是最鲜明不过的指标，表明它绝不是科学。

参考文献

[1] ATMANSPACHER H, PRIMAS H. Recasting Reality: Wolfgang Pauli's Philosophical Ideas and Contemporary Science[M]. Berlin: Springer, 2009.

[2] BOHR N. Collected Works (vol 5)[M]. Amsterdam: North-Holland Physics Publishing, 1984.

[3] BOHR N. Collected Works (vol 9)[M]. Amsterdam: North-Holland Physics Publishing, 1986.

[4] ENZ C P. No Time to be Brief: A Scientific Biography of Wolfgang Pauli[M]. Oxford: Oxford University Press, 2002.

[5] FIERZ M, WEISSKOPF V F (eds). Theoretical Physics in the Twentieth Century[M]. New York: Interscience Publishers Inc., 1960.

[6] FEYNMAN R P. Surely You're Joking, Mr. Feynman![M]. New York: W. W. Norton & Company, 1997.

[7] FRANKLIN A. The Neglect of Experiment[M]. Cambridge: Cambridge University Press, 1986.

[8] FRASER G. Cosmic Anger: Abdus Salam - The First Muslim Nobel Scientist[M]. Oxford: Oxford University Press, 2008.

[9] LINDORFF D. Pauli and Jung: The Meeting of Two Great Minds[M]. Wheaton: Quest Books, 2004.

[10] MEHRA J, RECHENBERG H. The Historical Development of Quantum Theory (vol. 1 part 2)[M]. Berlin: Springer, 1982.

[11] Mehra J, RECHENBERG H. The Historical Development of Quantum Theory (vol. 3)[M]. Berlin: Springer, 1982.

[12] Mehra J, RECHENBERG H. The Historical Development of Quantum Theory (vol. 6 part 1) [M]. Berlin: Springer, 2000.

[13] MILLER A I. Deciphering the Cosmic Number: The Strange Friendship of Wolfgang Pauli and Carl Jung[M]. New York: W. W. Norton & Company, Inc., 2009.

[14] PAIS A. Einstein Lived Here[M]. Oxford: Oxford University Press, 1994.

[15] PAULI W. General Principles of Quantum Mechanics[M]. Berlin: Springer, 1980.

[16] TOMONAGA S. The Story of Spin[M]. Chicago: University of Chicago Press, 1997.

[17] WEISSKOPF V. The Joy of Insight: Passions of a Physicist[M]. New York: BasicBooks, 1991.

[18] YANG C N. Selected Papers with Commentary (1945–1980)[M]. San Francisco: W. H. Freeman and Company, 1983.

[19] 季承, 柳怀祖, 滕丽. 宇称不守恒发现之争论解谜 [M]. 香港: 天地图书有限公司, 2004.

2014 年 7 月 16 日写于纽约

7 辐射单位简介

2011 年 3 月 11 日发生在日本仙台港以东海域的 9.0 级地震及海啸（2011 Tohoku earthquake and tsunami）引发的日本福岛第一核电站（Fukushima I Nuclear Power Plant）事故引起了各路媒体的广泛报道。在那些报道中，常常出现诸如"……的泄漏量为……居里""……的空气浓度达到……贝可 / 立方米""辐射量高达……希沃特"之类的文字。对普通读者来说，这些文字的含义可能是令人困惑的，因为它们所涉及的"居里""贝可""希沃特"（简称"希"，也有媒体译为"西弗"）等都是一般人平时很少有机会接触的辐射单位。

这些辐射单位究竟是什么含义呢？本文来做一个简单介绍。

电离辐射的标准警示符号

在介绍之前，让我们先对本文所谈论的辐射做一个界定。若无特殊说明，本文所谈论的辐射全都是指由核裂变（nuclear fission）反应产生的电离辐射（ionizing radiation）——能对物质产生电离作用的辐射。核电站事故所涉及的辐射及核医疗设备所使用的辐射大都属于这一类型。

现在进入正题。有关辐射的单位大体可分为两类，一类与辐射源有关，另一类与吸收体有关。

我们先介绍前者。对辐射源来说，表征其特性的核心指标是作为辐射产生机制的核裂变反应的快慢程度，具体地说，是单位时间所发生的核裂变反应平均次数。物理学家们将这一指标称为放射性活度（radioactivity），它的单位叫作贝可勒尔（Becquerel，符号为 Bq），简称贝可，其定义为每秒钟一次核裂变[①]。贝可是国际单位制中的导出单位（derived unit）。

很明显，对于给定类型的辐射源来说，放射性活度的高低与辐射源的质量有着直接关系，辐射源的质量越大，平均每秒钟发生的核裂变反应次数就越多，放射性活度也就越高（有兴趣的读者可以想一想，需要知道什么样的额外信息，才能在放射性活度与质量之间建立定量关系）。由于核裂变反应是微观过程，单枪匹马而论对宏观世界的影响是微乎其微的，因此贝可是一个很小的单位，实际应用时常常要用千贝可（kBq）和兆贝可（MBq）来辅助。

除贝可外，描述放射性活度还有一个常用单位叫作居里（Curie，符号为 Ci）[②]，它是贝可的 370 亿倍（3.7×10^{10} 倍）。换句话说，一个放射性活度为 1 居里的辐射源平均每秒钟发生 370 亿次核裂变反应。有读者可能会问："370 亿"这一古怪数字是哪里来的？答案是：来自于一克镭（Radium）同位素 ^{226}Ra 每秒钟的大致衰变次数。与贝可相反，居里是一个很大的单位，实际应用时常常要用毫居里（mCi）和微居里（μCi）来辅助。居里不是国际单位制中的单位，但应用的广泛程度不在贝可之下。不同的国家对贝可和居里这两个单位有不同的喜好，比如在澳大利亚，贝可用得较多；在美国，居里用得较多；而在欧洲，两个用得差不多多。另外需要提醒的是，由于放射性活度仅仅给出了单位时间所发生的核裂变反应平均次数，而不同放射源的核裂变方式及核裂变所发射的粒子是不同的，因此谈论放射性活度时需要指明放射源——比如指明放射性同位素的名称。

[①] 该单位的命名是纪念法国物理学家亨利·贝可勒尔（Henri Becquerel, 1852—1908）。

[②] 该单位的命名是纪念居里夫妇（Pierre Curie 和 Marie Curie）。

由于放射性活度与辐射源的质量有关，又比质量更能准确反映辐射源的基本特征——辐射能力——的强弱，因此当人们谈论核事故中辐射源的泄漏时，常常会用放射性活度的单位，即贝可和居里，来描述泄漏数量。比如美国能源与环境研究所（Institute for Energy and Environmental Research）2011 年 3 月 25 日发布的一份报告宣称，截至 3 月 22 日，福岛第一核电站的碘（Iodine）同位素 ^{131}I 的泄漏数量约为 2 400 000 居里（以放射性活度而论相当于 2.4 吨镭同位素 ^{226}Ra，不过由于 ^{131}I 的半衰期很短，相应的质量要小得多，对环境的危害则主要是短期的）。

当泄漏出的辐射源沾染到别处时，人们除了关心泄漏总量外，还常常要了解受沾染地区单位面积土地、单位体积空气或单位质量土壤中的辐射源数量，描述那些数量的单位是贝可（或居里）每平方米、每立方米或每千克等，我们在新闻中也能见到它们的身影。比如苏联切尔诺贝利（Chernobyl）核电站事故在芬兰和瑞典造成的铯（Caesium）同位素 ^{137}Cs 的沾染约为 40 千贝可每平方米。

以上就是与辐射源有关的主要单位。接下来介绍一下与吸收体有关的单位。知道一个辐射源的放射性活度，只是知道了它的辐射能力，却不等于知道它所发射的辐射对吸收体的影响，因为后者明显与辐射源的类别、吸收体距离辐射源的远近、吸收体的类别等诸多因素有关。那么，怎样才能描述辐射对吸收体的影响呢？一种常用的手段，是利用电离辐射能对物质产生电离作用这一基本特性，通过测量它在标准状态下单位质量干燥空气中产生出的电离电荷的数量，来衡量它对吸收体的影响。这种手段产生出了一个叫作伦琴（Roentgen，符号为 R）的单位[①]，它被定义为在标准状态下 1 千克干燥空气中产生 0.000 258 库（2.58×10^{-4} 库）的电离电荷。读者想必要问："0.000 258"这一古怪数字是哪里来的？答案是：来自单位换算。因为伦琴这一单位最初是在所谓的厘米·克·秒（cgs）单位制中定义的。在那个单位制下，它的定义是在标准状态下 1 立方厘米干燥空气中产生 1 静电单位的电离电荷。有兴趣的读者可以对单位作一下换算，证实一下"0.000 258"这一古怪数字的由来。

---

① 该单位的命名是纪念德国物理学家威廉·伦琴（Wilhelm Röntgen, 1845—1923）。

伦琴这个单位的使用范围比较狭窄，主要是针对像 X 射线和 γ 射线那样的电磁辐射。不过由于大气中的电离电荷比较容易测量，因此它一直是一个常用单位。除伦琴外，描述辐射对吸收体影响的另一个常用单位叫作戈瑞（Gray，符号为 Gy）[1]。如果说伦琴是以电荷为指标来描述辐射对吸收体的影响，那么戈瑞则是以能量为指标来描述辐射对吸收体的影响。在辐射研究中，人们把单位质量吸收体所吸收的辐射能量称为吸收剂量（absorbed dose），戈瑞是吸收剂量的单位，其定义是每千克吸收体吸收 1 焦的能量。很明显，伦琴与戈瑞这两个单位之间是存在关系的（因为电离需要耗费能量），不过这种关系与吸收体的类型有关（有兴趣的读者可以想一想，需要知道什么样的额外信息，才能在伦琴与戈瑞之间建立定量关系）。戈瑞是国际单位制中的导出单位，与戈瑞有关的还有一个常用单位叫作拉德（rad），它是"辐射吸收剂量"（radiation absorbed dose）的英文缩写，是戈瑞在厘米·克·秒单位制中的对应，大小为戈瑞的百分之一（10^{-2}）。

伦琴、戈瑞及拉德都是描述辐射对吸收体影响的常用单位，但对于我们最关心的辐射对人体的危害来说，它们都不是最好的单位，因为辐射对人体的危害并不单纯取决于电离电荷或吸收能量的数量，而与辐射的类型有关，这种类型差异可以用一系列所谓的"辐射权重因子"（radiation weighting factor）来修正。考虑了这一修正后的吸收剂量被称为剂量当量（dose equivalent），它的单位则被称为希沃特（sievert，符号为 Sv）[2]，简称希。希沃特是国际单位制中的导出单位，其定义为

以希沃特为单位的剂量当量 = 以戈瑞为单位的吸收剂量 × 辐射权重因子

为了使该定义能够应用，有必要列出一些主要辐射的辐射权重因子（表 7-1）：

---

[1] 该单位的命名是纪念英国物理学家路易斯·戈瑞（Louis Gray, 1905—1965）。

[2] 该单位的命名是纪念瑞典医学物理学家罗尔夫·希沃特（Rolf Sievert, 1896—1966）。

表 7-1　主要辐射类型的辐射权重因子

辐射类型	辐射权重因子
X 射线、γ 射线、β 射线	1
能量小于 10keV 的中子	5
能量为 10~100keV 的中子	10
能量为 100~2000keV 的中子	20
能量为 2~20MeV 的中子	10
能量大于 20MeV 的中子	5
α 粒子及重核	20

注：keV：千电子伏；MeV：兆电子伏

　　由上述表格不难看出，中子辐射的辐射权重因子要比 X 射线、γ 射线、β 射线高得多，这意味着对于同等的吸收剂量，中子辐射对人体的危害要比 X 射线、γ 射线、β 射线大得多。中子弹（neutron bomb）之所以是一种可怕的武器，一个很重要的原因就在于此。

　　希沃特不仅是剂量当量的单位，而且还是描述辐射对人体危害性的另一个重要指标——有效剂量（effective dose）——的单位。什么是有效剂量呢？它是将人体内各组织或器官所吸收的剂量当量转化为均匀覆盖全身的等价剂量，然后加以汇总的结果。有效剂量这一概念之所以有用，是因为在很多情况下，人体内各组织或器官所受辐射的剂量当量是不均匀的，有的器官多，有的器官少。有效剂量通过将这种不均匀性均匀化，使我们能用一个单一指标来描述辐射对人体的总体危害，从而有很大的便利性。那么，人体内各组织或器官所吸收的剂量当量如何才能转化为均匀覆盖全身的等价剂量呢？答案是利用一系列所谓的"组织权重因子"（tissue weighting factor），它们与相应组织或器官所受辐射的剂量当量的乘积，就是均匀覆盖全身的等价剂量。而汇总无非就是做加法——对各组织或器官所对应的等价剂量进行求和，因此：

$$有效剂量 = \sum (剂量当量 \times 组织权重因子)$$

为了使该定义能够应用，有必要列出一些主要组织或器官的组织权重因子（表7-2）（有兴趣的读者请想一想，组织权重因子为什么都小于1？）。

表7-2　人体主要组织或器官的组织权重因子

组织或器官名称	组织权重因子
性腺	0.20
肺、结肠、胃等	0.12
膀胱、胸、肝、脑、肾、肌肉等	0.05
皮肤、骨骼表面等	0.01

希沃特是一个很大的单位，实际应用时常常要用毫希（mSv）或微希（μSv）来辅助。比如一次胸部透视所受辐射的有效剂量约为几十微希；一次脑部CT所受辐射的有效剂量约为几毫希；一个人在正常自然环境中每年所受辐射的有效剂量也约为几毫希。人体短时间所受辐射的有效剂量在100毫希以上时，就会开始有不容忽视的风险，剂量越大，风险越高，剂量若大到要直接动用希沃特这个单位（比如达到几希），那么就算不死也基本只剩半条命了。除希沃特外，描述剂量当量或有效剂量还有一个常用单位叫作雷姆（rem），它是"人体伦琴当量"（Roentgen equivalent in man）的英文缩写，是希沃特在厘米·克·秒单位制中的对应，大小为希沃特的百分之一（10^{-2}）。

有效剂量由于是平均到全身后的剂量当量，在使用时不必指定具体的器官或组织。但无论有效剂量还是剂量当量，它们作为吸收剂量，其数值都和人体与辐射源的相对位置密切相关，因此在用于描述辐射源的危害性时，通常要指明吸收体的位置才有清晰含义。此外，在像核事故那样辐射持续存在的环境里，人体所受辐射的有效剂量或剂量当量与暴露于辐射中的时间成正比，因此在谈论时必须给出时间长短。笼统地谈论一个不带时间限制的有效剂量或剂量当量，比如"福岛核电站内最新核辐射量达到400毫希"，是没有意义的。

以上就是对主要辐射单位的简单介绍，希望有助于大家阅读和辨析新闻。在本文的最后，给有兴趣的读者留一道简单的习题：若一个人的胸部受到能量20千电子伏、吸收剂量2毫戈的中子辐射照射，胃部受到吸收剂量3毫戈的 X 射线照射，请问此人所受辐射的有效剂量是多少毫希？

2011 年 3 月 30 日写于纽约

8 μ子反常磁矩之谜①

8.1 引言

我们知道，物理学是一门自然科学，它的目的是要寻求对自然现象逻辑上简单的描述。物理学发展到今天，它对自然现象的描述按其精密程度可粗略分为两类：一类是所谓的定量描述，针对的主要是一些简单及纯粹的现象，比如原子的光谱，行星的运动，等等②；另一类则是所谓的定性描述，针对的主要是复杂现象。

一个不无遗憾的事实是：在这两类描述中，我们所熟悉的日常经验所及的现象有很大比例是属于后一类的。不过，尽管我们很难从基础物理定律出发来细致地描述那些从经验角度看来稀松平常，从定量计算的角度来看却高度复杂的现象，多数物理学家却并不怀疑，在那些现象背后起支配作用的，正是和描述原子光谱及行星运动相同的物理定律。美国物理学家费曼曾在他的著名讲义中这样写道："对物理学怀有莫名恐惧的人常常会说，你无法写下一个关于生命的方程式。嗯，也许我们能够。事实上，当我们写下量子力学方程式 $H\psi = i\hbar\partial\psi/\partial t$ 的时候，我们很可能就已在足够近似的意义上拥有了这样的方程式。"

当然，具体到关于生命的方程式上，费曼可能是属于特别乐观的，有些物理学家或许会更保守，也有些人可能会存疑。但是，正如费曼在写下上述文字之前

---

① 本文写于 2009 年（数据亦截至当时），但根据国际"粒子数据组"（Particle Data Group，PDG）2017 年发布的数据，μ子反常磁矩 2017 年的最佳理论值和最佳实验值分别为 116 591 823(34)(26) × 10⁻¹¹ 和 116 592 091(54)(33) × 10⁻¹¹，偏差为 3.5σ，因此 μ子反常磁矩之谜截至 2017 年依然存在。[2017-12-31 补注]。

② 当然，这里所说的"简单及纯粹"是相对于研究范围及观测精度而言的，比如行星，它本身显然是高度复杂的，但假如我们的研究仅限于考虑它作为一个整体在外部引力场中的运动，那它就可以被视为是一个"简单及纯粹"的体系的一部分。

曾经以流体力学方程组为例所论述的，一组数学上简洁的物理定律往往能蕴含难以定量剖析的出人意料的复杂性，由此导致的一个后果是：一组复杂现象——比如生命现象——无论看起来多么远离物理定律的直接描述，都很难构成对那些定律的有效挑战。这一点无论我们是否持有像费曼那样的乐观看法都很难否认。

另一方面，物理学对自然现象的定量描述虽往往只针对简单及纯粹，有时会远离经验，有时需精心制备，有时甚至只存在于理想实验之中的现象，但它与物理定律之间所具有的定性描述难以企及的明确关联，使它成为物理学家们探索物理定律的最有效途径。事实上，正是通过那样的定量探索，物理学家们完成了有关物理定律的绝大多数研究。这种研究是如此深入，复杂现象与基本物理定律之间的关系又是如此间接，以至于在很长一段时间里，虽然多数物理学家承认物理学的未来征途还很漫长，我们对自然界的许多现象还没有足够透彻或足够优越的描述，却很少有人能从实验上找到基础物理定律——比如广义相对论或粒子物理标准模型——的反例。

不过这种情形在最近几年里也许已经起了变化，本文将要讲述的"μ子反常磁矩之谜"就是一个虽然还算不上是结论性的，却很值得关注的例子。

8.2 有自旋带电粒子在电磁场中的自旋进动

为了讨论μ子的反常磁矩之谜，我们首先要介绍一下有自旋带电粒子在电磁场中的自旋进动，这是对μ子反常磁矩进行实验测量的理论基础。

我们知道，一个质量 m，电荷 e，自旋 s 的有自旋带电粒子所带的磁矩 μ 正比于 $(e/2m)s$（请读者想一想，为什么会有这样的比例关系？），比例系数通常记为 g，称为该粒子的 g 因子，即（在本文中我们采用 $c=1$ 的单位制）

$$\mu = g\left(\frac{e}{2m}\right)s \tag{1}$$

另一方面，按照电磁学理论，任何磁矩 μ 在电磁场中都会感受到力矩 $\mu \times B$ 的作用（B 为磁感应强度）。这一作用会造成自旋的进动：

$$\frac{\mathrm{d}s}{\mathrm{d}t} = \boldsymbol{\mu} \times \boldsymbol{B} = g\left(\frac{e}{2m}\right)\boldsymbol{s} \times \boldsymbol{B} \qquad (2)$$

不过，这一自旋进动方程式只适用于粒子在其中瞬时静止的平动参照系，特别是，其中的时间 t 及磁感应强度 $\boldsymbol{B}$ 都是在该参照系而非实验室系中测定的，这对于实际应用来说显然是极不方便的。为了得到在任意参照系中都适用的结果，我们需将这一方程式推广为协变方程。

为了做到这一点，我们首先引进与三维自旋矢量 $\boldsymbol{s}$ 相对应的四维轴矢量 s^μ，并将 $\boldsymbol{s} \times \boldsymbol{B}$ 改写为协变形式 $F^{\mu\nu}s_\nu$（$F^{\mu\nu}$ 为电磁场张量）[1]。不过，如果我们就此将式（2）简单地推广为 $\mathrm{d}s^\mu/\mathrm{d}\tau = g(e/2m)F^{\mu\nu}s_\nu$（$\tau$ 为粒子的固有时），却会遇到一个问题。我们知道，在粒子瞬时静止的参照系中，s^μ 的分量为（0，$\boldsymbol{s}$），它与粒子的四维速度 u^μ=（1，$\boldsymbol{0}$）正交，即

$$s^\mu u_\mu = 0 \qquad (3)$$

可惜的是，这一方程与 $\mathrm{d}s^\mu/\mathrm{d}\tau = g(e/2m)F^{\mu\nu}s_\nu$ 在一般情况下是彼此矛盾的（请读者自行证明这一点，并说明所谓的"一般情况"指的是什么情况）。这一矛盾表明我们还遗漏了一些项。

为了找出那些遗漏的项，常用的办法是考虑所有物理上可能并且满足协变性要求的项。在我们所考虑的问题中，相关的物理量只有 $F^{\mu\nu}$、s^μ 和 u^μ，因此所有物理上可能的项都必须由它们构成[2]。另一方面，自旋进动方程（2）所具有的形式表明 $\mathrm{d}s^\mu/\mathrm{d}\tau$ 对 $F^{\mu\nu}$ 和 s^μ 都是线性的。简单的罗列分析表明，在由 $F^{\mu\nu}$、s^μ 和 u^μ 组成的所有四维矢量中，除已经找到的正比于 $F^{\mu\nu}s_\nu$ 的项外，唯一能满足这一线性条件的只有正比于 u^μ，且比例系数——作为四维标量——对 $F^{\mu\nu}$ 和 s^μ 为线性的项（请读者想一想，为什么不能有其他的项，比如正比于 s^μ 或 $F^{\mu\nu}u_\nu$ 的项），因此，

---

① 细心的读者也许已经注意到了，这一推广完全类似于对洛伦兹力中的 $\boldsymbol{v} \times \boldsymbol{B}$ 项的处理。另外，有些读者可能更熟悉将三维自旋矢量 $\boldsymbol{s}$ 推广为二阶反对称张量 $s_{\rho\sigma}$ 的做法，这与本文所用的方法是等价的，本文引进的四维矢量 s^μ 与 $s_{\rho\sigma}$ 之间具有对偶关系：$s^\mu=(1/2)\varepsilon^{\mu\nu\rho\sigma}u_\nu s_{\rho\sigma}$。

② 这里我们假定电磁场的分布足够均匀，从而可以忽略它们的导数。

对应于式（2）的协变方程只能是

$$\frac{\mathrm{d}s^\mu}{\mathrm{d}\tau} = g\left(\frac{e}{2m}\right)F^{\mu\nu}s_\nu + \alpha u^\mu \tag{4}$$

为了确定比例系数 α，我们注意到对式（3）求导可得

$$\left(\frac{\mathrm{d}s^\mu}{\mathrm{d}\tau}\right)u^\mu + s_\mu\left(\frac{\mathrm{d}u^\mu}{\mathrm{d}\tau}\right) = 0 \tag{5}$$

将式（4）及带电粒子本身的运动方程 $\mathrm{d}u^\mu/\mathrm{d}\tau = (e/m)F^{\mu\nu}u_\nu$ 代入式（5）可得（请读者自行完成这一证明的细节）：$\alpha = (g-2)(e/2m)F^{\mu\nu}u_\mu s_\nu$。由此我们就得到了有自旋带电粒子在电磁场中的自旋进动方程的协变形式（为避免指标重复，我们对哑指标作了更换）：

$$\frac{\mathrm{d}s^\mu}{\mathrm{d}\tau} = g\left(\frac{e}{2m}\right)F^{\mu\nu}s_\nu + (g-2)\left(\frac{e}{2m}\right)F^{\rho\sigma}u_\rho s_\sigma u^\mu \tag{6}$$

我们得到这一形式所用的方法是比较数学化的，即主要依据了协变性的要求，而与有自旋带电粒子的具体模型，及各项所可能具有的物理意义无多大关系。不过式（6）本身其实是有着很清晰的物理意义的：它的正比于 g（从而正比于磁矩）的部分给出的是粒子所受的电磁力矩，与 g 无关（从而与磁矩无关）的部分给出的则是著名的相对论运动学效应托马斯进动（Thomas precession）。

式（6）——如我们在下节中将会看到的——是物理学家们对 μ 子反常磁矩进行实验测定的重要依据。

8.3 自旋进动与反常磁矩

有了式（6），我们就可以在任意惯性参照系中研究 μ 子（或任何其他有自旋带电粒子）的自旋进动。对理论物理学家来说，能够做到这一点通常就意味着问题得到了解决。不过实验物理学家的口味却稍有些不同，在测定 μ 子反常磁矩这一问题上，他们感兴趣的偏偏不是所有物理量全处在同一个参照系中的情形。具体地说，他们感兴趣的电磁场和时间坐标是实验室参照系中的电磁场和时间坐标，

自旋却是 μ 子瞬时静止参照系（以下简称 μ 子系）中的自旋（我们会在后文解释其原因）。

幸运的是，实验物理学家们的这种"脚踩两条船"的要求并不难得到满足。如果我们用 s' 表示 μ 子系中的自旋矢量（它只有空间部分），它与一般坐标系中的自旋分量可以通过矢量形式的洛伦兹变换相联系。利用这种联系及式（6），便可得到用实验室系中的电磁场和时间坐标表示的 s' 的进动规律。这其中最简单——但最具重要性——的情形是电场为零，磁场均匀且垂直于 μ 子运动平面的情形。可以证明，这一情形下 μ 子磁矩的进动规律为

$$\frac{\mathrm{d}s'}{\mathrm{d}t} = \omega_s \times s' \tag{7}$$

这是一个标准的矢量旋转方程，其中旋转角速度 ω_s 为

$$\omega_s = \left(\frac{e}{2m}\right)\left(g-2+\frac{2}{\gamma}\right)B \tag{8}$$

其中 $\gamma = (1-v^2/c^2)^{-1/2}$ 为洛伦兹因子。

式（8）已经是一个相当简单的公式了，但我们的好运并未就此止步。我们很快将会看到，对于测定 μ 子的反常磁矩来说，真正有观测意义的并不是 μ 子自旋矢量相对于实验室系的进动，而是它相对于运动方向的进动。这表明我们应该从式（8）中减去 μ 子本身在磁场中的回旋角速度 $(e/m\gamma)B$，这样我们就得到了有观测意义的自旋矢量相对于运动方向的进动角速度为

$$\omega = \left(\frac{e}{2m}\right)(g-2)B \equiv \left(\frac{e}{m}\right)a_\mu B \tag{9}$$

这里我们引进了一个专门的记号 a_μ 来表示 $(g-2)/2$，它就是 μ 子的反常磁矩[①]。式（9）给出的是实验室系中的进动角速度，因为时间坐标是实验室系中的坐标。

---

① 细心的读者可能会问："反常磁矩"顾名思义应该具有磁矩量纲，而 $a_\mu = (g-2)/2$ 却是无量纲的，怎么可以冠以那样的名称？的确，严格地讲 μ 子的反常磁矩应该定义为 $a_\mu(e/m)s$。不过，在文献中人们往往略去 $(e/m)s$（这是用 μ 子质量取代电子质量后的玻尔磁子，从某种意义上讲可以视为是磁矩的单位），而把 a_μ 直接称为反常磁矩。

式（9）表明，μ子的反常磁矩可以通过测定磁感应强度 B 及 μ 子自旋相对于运动方向的旋转角速度 ω 而得到。这其中对旋转角速度 ω 的测定需要用到一些有关粒子物理——确切地说是有关 μ 子的产生与衰变性质——的知识，我们将在下一节稍作介绍。

8.4 μ子的产生衰变性质及实验思路

首先说说 μ 子的产生性质。在测定 μ 子反常磁矩的实验中，物理学家们是用 π 介子的衰变来产生 μ 子的，具体地说，是用 $\pi^- \to \mu \bar{\nu}_\mu$ 产生 μ 子，或用 $\pi^+ \to \mu^+ \nu_\mu$ 产生反 μ 子[①]。在测定 μ 子反常磁矩的实验中，物理学家们既用 μ 子，也用反 μ 子，因为无论实验还是迄今仍被视为严格的 CPT 对称性都表明这两者的反常磁矩严格相等，从而在实验上并无优劣之分。不过为明确起见，我们在本文中一律以 μ 子作为讨论对象。

π 介子衰变产生 μ 子的过程是弱相互作用过程（这可以从中微子的出现而看出）。我们知道，弱相互作用的一个显著特点，是它具有手征性，作为这种性质的一个重要体现，由 π 介子衰变产生的 μ 子具有右手手征（即自旋与运动方向满足右手螺旋定则，或者简单地说是两者同向）。这一特点使物理学家们可以比较容易地得到初始自旋与运动方向相平行的 μ 子束，从而为测定 μ 子自旋相对于运动方向的旋转角速度提供很大的便利。（请读者结合后文想一想，这为什么是一种便利？）

与 μ 子的产生性质同样重要的是它的衰变性质。实验和理论都表明，μ 子最主要的衰变模式（所占比例接近 100%）是 $\mu \to e\bar{\nu}_e\nu_\mu$，即衰变为电子、反电子中微子和 μ 子中微子[②]。很明显，在 μ 子系中，由这一衰变产生的电子在它与 $\bar{\nu}_e$ 及 ν_μ 同时反向时具有最大能量（这一最大能量约为 μ 子静质量的一半）。由于这种情形下 $\bar{\nu}_e$ 和 ν_μ 的总自旋为零（因为两者的手征相反），因此角动量守恒要求电子自旋与 μ 子自旋同向。另一方面，弱相互作用的手征性要求这种情况下产生的电子

---

① π 介子本身则是由质子束轰击物质靶所产生的。

② 更准确地说，在这一衰变过程中除产生上述粒子外，还有 1.4% 左右的概率发射一个光子。

具有左手手征，即运动方向与自旋方向——从而也与μ子的自旋方向——相反。这样，我们就得到了一个重要结果，即能量最大的电子是沿着与μ子自旋相反的方向发射的。

当然，上面的结论是在μ子系中得到的（这是实验物理学家们要"脚踩两条船"，即考虑μ子系中的自旋的根本原因）。现在，让我们重新回到实验室系中——毕竟，真正的实验是在这里进行的。我们要问这样一个问题：什么情况下我们能在**实验室系**中观测到具有最大能量的电子？答案是显而易见的：是在μ子本身的运动方向与μ子系中具有最大能量的电子的发射方向相同的情况下。由于我们已经知道，这种情况下电子的发射方向与（μ子系中的）μ子自旋方向相反，因此，实验室系中能量最大的电子出现在（μ子系中的）μ子自旋与其运动方向相反的情况下。

好了，希望大家没有被μ子系、实验室系、μ子自旋、电子自旋、μ子运动方向等概念搞迷糊。现在线索已然齐备，我们要将它们串联起来，给出测定μ子反常磁矩的方法了。由于μ子自旋相对于运动方向的进动角速度由式（9）给出，因此每隔一个周期 $2\pi/|\omega|$（这是实验室系中的周期，因为 ω 是实验室系中的进动角速度）就会出现一次自旋与运动方向相反的情形（顺便说一下，这也正是我们在上节中要考虑自旋相对于运动方向的进动的原因），这时人们在实验室中便会观测到数量最多的高能电子。借助于这一特点，人们便可通过观测实验室中高能电子数量的周期性起伏而得到 ω，并进而通过式（9）推算出μ子的反常磁矩 a_μ。

这就是物理学家们测定μ子反常磁矩的基本思路。从上面的分析中我们可以看到，μ子产生衰变过程中的手征性简直像是为人们能精确测定它的反常磁矩而量身设定的，这是实验物理学家的幸运。但是，实验的结果让理论物理学家们陷入了失眠——当然，也许是一种快乐而充实的失眠。

8.5 实验技巧略谈

读到这里，有读者或许会因为式（9）的简单而觉得在实验上测定μ子的反常磁矩并不是一件很困难的事情。如果有人这样想了，那无疑是我的"罪过"，我要第一时间在这里澄清一下。为了不被式（9）的简单性所误导，我们要记住，我们面对的不是几个乖乖躺在实验桌上任我们用手或镊子抓取的玻璃球，而是一群看不见摸不着、几乎永不停息地高速运动着的微观粒子。不仅如此，这些小家伙的平均寿命还短得可怜，只有百万分之二秒（这在非稳定粒子中已经算长寿了），即便考虑到我们下面会提到的相对论的时间延缓效应，它们能供我们研究的平均时间也只有十万分之六秒左右。在日常语言中，我们常用"命如蜉蝣"来形容寿命的短暂，其实跟 μ 子相比，蜉蝣——它们的寿命约为一天——简直就像神仙一样长寿了。

老实说，对于粒子实验物理学家们让那些如此微小的家伙在巨大的环形通道里转来转去，并在十万分之一秒、百万分之一秒，甚至更短得多的时间里"压榨"出那么多可靠信息的能力，我始终充满了钦佩并深感不可思议。不瞒读者说，我在物理实验上向来是笨手拙脚的，大学时但凡和同学一起做实验，我总是充分发扬孔融让梨的精神，把操作仪器的"美差"让给同学，自己则负责分析数据及撰写实验报告。因此，实验物理学家们的精巧技术在我眼里简直就像是魔术，也正因为如此，我必须毫无保留地承认我不可能细致地介绍实验技巧。

不过，有一个细节我愿在这里充当内行提一下。

读者也许还记得，我们在推导式（9）的过程中，曾提到过一个限制条件，即"电场为零，磁场均匀且垂直于 μ 子运动平面"。这一条件的后半部分——"磁场均匀且垂直于 μ 子运动平面"——在实验中得到了相当良好的贯彻。但前半部分——"电场为零"——却并非事实。实际情况是：自 20 世纪 70 年代起，人们在测定 μ 子反常磁矩的实验中就采用了特定的电场分布来帮助 μ 子束聚焦。这一手段最初是由欧洲核子中心（European Organization for Nuclear Research, CERN）的物理学家们采用的，后来被其他实验室——比如美国的布鲁克海文国家实验室（Brookhaven National Laboratory）——所继承，它的一个很大的好处是可以保证磁场更加均匀。为什么这么说呢？因为在采用这一手段之前，物理学家们通常需要靠磁场的非均匀性来帮助 μ 子聚焦，这对实验精度是有显著损害的[①]。不过，电

---

① 因为磁场一旦不均匀，则不仅式（9）不再严格成立，我们还必须在一定程度上测定 μ 子所处的位置（因为不同位置上的磁场不同），而这是很不容易做到的。

场的应用也会产生一个问题，那就是它会在式（9）中引进一个与电场有关的附加项，使之变为

$$\boldsymbol{\omega} = \left(\frac{e}{m}\right) a_\mu \boldsymbol{B} - \left(\frac{e}{m}\right)\left(a_\mu - \frac{1}{\gamma^2 - 1}\right)\boldsymbol{v} \times \boldsymbol{E} \qquad （10）$$

式（10）中的附加项与电场及 μ 子的速度都有关，对实验来说显然是很大的麻烦。但幸运的是，我们只要适当地控制 μ 子的能量，使 $a_\mu - 1/(\gamma^2 - 1)$ 恰好为零，这恼人的附加项就会自动消失，从而式（9）仍然成立。实验表明，这一"适当"的能量约为 3.1GeV，相应的 γ 约为 29.4，物理学家们对 μ 子反常磁矩的现代测定正是在这一条件下进行的[①]。我们将这一情况称为幸运，是因为它之所以可能，首先是由于 μ 子的反常磁矩 a_μ 恰好是正的，否则 $a_\mu - 1/(\gamma^2 - 1)$ 在任何能量下都不可能为零；其次则是由于 a_μ 很小，从而使满足 $a_\mu - 1/(\gamma^2 - 1)$ 为零的 γ 较大，这使得相对论的时间延缓效应足够显著，让物理学家们有足够的时间来精密测定 μ 子的反常磁矩。

因此，对 μ 子反常磁矩的精密测定之所以可能，除仰仗实验物理学家们的高明技术外，也是很多幸运因素的共同结果：这其中既包含了 π 介子及 μ 子的衰变性质、弱相互作用的手征性，也包含了 μ 子反常磁矩为正并且数值很小这一事实。

那么，在这么多幸运因素的共同佑护下，物理学家们得到了什么样的实验结果呢？

8.6 实验结果概述

我们已经看到，测定 μ 子反常磁矩的方法显著依赖于弱相互作用的手征性。对这种手征性的认识可以回溯到 1956 年，那一年李政道和杨振宁提出了弱相互作用中宇称不守恒的假设，并在半年之后由吴健雄的实验组率先给予了证实。这些是多数华人读者都很熟悉的故事，但很多人也许并不知道，在发表吴健雄论文

---

① 不过 $a_\mu - 1/(\gamma^2 - 1)$ 为零这一条件本身却并不足以作为精密测定 a_μ 的方法（请读者想一想这是为什么）。

的那一期《物理评论》（*Physical Review*）杂志上，紧挨着吴健雄论文的是另一篇粒子物理实验论文，那篇论文的作者与李政道、吴健雄一样，也是哥伦比亚大学的物理学家，他们所描述的实验结果也验证了弱相互作用中的宇称不守恒。

这两篇论文的比邻而居不是偶然的。原来，哥伦比亚大学自1953年李政道加盟之后，逐渐形成了一个星期五聚会的习惯，这一聚会在中国餐馆举行，通常由李政道点菜，被称为"中国午餐"。不难想象，一群物理学家聚在一起——哪怕聚会地点是餐馆——不会仅仅是为了吃饭。在这种"中国午餐"上，他们常常"假私济公"地交流一些物理方面的看法和信息。吴健雄的实验得到初步的肯定结果后，李政道就在"中国午餐"上介绍了这一结果，那是1957年的1月4日。

在共进午餐的物理学家中，有位实验物理学家名叫里昂·莱德曼（Leon Lederman），当时正在研究 π 介子的衰变。听了李政道的介绍后，莱德曼很感兴趣，当晚就与两位同事设计出了一种不同于吴健雄小组的实验方案。他们的方案采用的是 π 介子和 μ 子的衰变过程，即我们在前面介绍过的衰变过程，这也是李政道和杨振宁在其论文中明确提议过的宇称不守恒的检验途径之一。当时弱相互作用中的宇称问题已经引起了很多物理学家的关注，为避免被人抢先，莱德曼等人彻夜不眠，于次日凌晨就在哥伦比亚大学所属的内维斯实验室（Nevis Laboratories）里着手展开了实验的准备工作，在实验期间他们甚至亲自动手处理器件故障，以免因修理工周末不工作而耽误进度。与吴健雄在美国国家标准局进行的历时半年的漫长实验不同，莱德曼等人经过一个紧张的周末及星期一的努力，于1月8日（星期二）清晨就得到了肯定的结果——证实了弱相互作用中宇称不守恒。

当然，这并不表明莱德曼等人的实验技巧要远高于吴健雄小组，这两组实验的真正差别是：莱德曼等人的实验系统是对原有系统的调整，他们的实验技术是纯粹的粒子物理技术，他们的实验场所则是纯粹的物理实验室；而吴健雄小组的实验系统是从零做起的新系统，他们的实验技术涉及极低温技术（从而需要与低温物理专家进行跨领域合作），而他们的实验场所则在效率相对低下的政府部门。不过莱德曼等人在发表论文时，特意等吴健雄小组先提交论文，这样他们的论文就排在了吴健雄小组之后，并且他们在自己的论文中明确声明，在实验之前他们就已经知道吴健雄小组的实验结果，从而进一步确立了吴健雄小组的"沙发"地位①。在优先权之争极为炽热的环境下，多数物理学家在多数时候所保持这种相互间的信赖与诚实，是一种可贵的学术品质。

我们之所以讲述这段历史插曲，是因为对我们的故事来说，莱德曼等人的实验虽比吴健雄小组晚，却有一个重要特点，那就是它不仅验证了弱相互作用中的宇称不守恒，而且还首次测定了 μ 子的 g 因子，结果为 2.00 ± 0.10（请读者想一想，这样的结果所对应的反常磁矩是什么）。因此，对 μ 子反常磁矩的实验测定可以说是从早得不能更早的时候起就已展开了，当时距离 μ 子被发现虽已有整整20 年的时间，但人们对 μ 子还了解得很少，甚至对它的自旋是否为 1/2 都还不很确定。莱德曼等人在陈述实验结果时，将 μ 子的自旋很可能是 1/2 也作为实验结果的一部分②。

关于莱德曼，还有一点可以补充，那就是他因 1962 年发现 μ 子中微子而与另两位物理学家一起获得了 1988 年的诺贝尔物理学奖③。

自那以后将近半个世纪的时间里，物理学家们又进行了一系列测定 μ 子反常磁矩的实验。这些实验主要是在欧洲核子中心及美国布鲁克海文（Brookhaven）国家实验室中进行的。在实验物理学家们不断改进实验精度的同时，理论物理学家们也没闲着，他们先是在量子电动力学中，后来则是在整个标准模型的框架内进行着高度复杂的理论计算，给出了越来越精密的计算结果。实验与理论就像一对比翼双飞的蝴蝶，勾画着物理学发展的美丽图线。

然而在这过程中，两度出现了实验与理论的偏差。

_____

① 值得一提的是，事后的回溯发现，早在 1928 年就已经有实验为弱相互作用中的宇称不守恒提供了某些证据，但那些实验被粒子物理学家们普遍忽略了，从而未对历史发展产生影响。
② 莱德曼等人的实验主要是针对 μ⁺ 的，但也对 μ⁻ 的情况进行了粗略的检验。他们的实验之所以可以对 μ 子的自旋做出一定的推测，是因为 g 因子为 2 是量子力学对自旋 1/2 粒子的预言，根据菲尔茨 - 泡利理论（Fierz-Pauli theory），另一类费米子——自旋 3/2 的粒子——的量子力学 g 因子为 2/3，与实验结果明显不符。
③ 其实 μ 子中微子早就在实验——比如莱德曼等人 1957 年的实验——中出现了，但在 1962 年之前，人们以为所有中微子都是一样的，并不知道存在 μ 子中微子与电子中微子的区别。

其中第一次偏差出现在 1968 年，当时实验物理学家们在欧洲核子中心得到了精度为百万分之二百六十五（265ppm，ppm 表示百万分之一）的结果，与当时的理论计算存在 1.7σ 的差距（σ 为实验与理论的联合标准差）。从概率上讲，这种情况出自偶然的可能性约为 9%。这虽然绝非不可能，但毕竟不是一个很大的概率，因此物理学家们展开了仔细的核查，结果发现在量子电动力学的三圈图计算中存在错误。排除这一错误后，实验与理论恢复了良好的吻合，第一次偏差有惊无险。

第二次偏差则出现在 2001 年，当时实验物理学家们在美国布鲁克海文国家实验室得到了精度为 1.3ppm 的实验结果，数值为：a_μ（实验）= 0.0011659202(14)(6)[①]。而当时理论计算的精度已达到了 0.57ppm，数值为：a_μ（理论）= 0.00116591596(67)。两者的偏差约为 43×10^{-10}，而实验与理论的联合标准差仅为 16×10^{-10}。这表明实验与理论的偏差达到了 2.6σ。这种偏差出自偶然的概率仅为 1%。布鲁克海文国家实验室的这一结果不仅引起了物理学界的重视，甚至还吸引了媒体的关注。2001 年 2 月 9 日，《纽约时报》罕见地在头版报道了这一消息，标题采用了新闻界惯用的耸人听闻的风格：《最细微的粒子在物理理论中捅出了大洞》（*Tiniest of Particles Pokes Big Hole in Physics Theory*）。

但这一偏差不久之后也得到了一定程度的缓解，问题仍是出在理论上。位于法国马赛的理论物理中心（Centrede Physique Théorique）的物理学家马克·克内克特（Marc Knecht）等人发现了理论计算中的一处错误，这错误出现在涉及介子的某一类被称为"光子 - 光子"（light-by-light）的散射之中（我们将会在后文中解释什么叫作"光子 - 光子"散射）。克内克特等人针对 π、η、η' 介子的计算表明，由这些介子参与的"光子 - 光子"散射对 μ 子反常磁矩的贡献应该由原先以为的 $-9.2(3.2) \times 10^{-10}$ 修正为 $8.3(1.2) \times 10^{-10}$。经过这样的修正，实验与理论的偏差缩小到了 $25(16) \times 10^{-10}$。这虽然仍有 1.6σ，但比原先的 2.6σ 还是好了很多，出自偶然的概率提高了一个数量级而变成了 11%。2002 年，克内克特等人发表了自己

---

① 在诸如 0.0011659202(14)(6) 这样的记号中，括号中的数字表示的是最后一到两位（视括号中数字的位数而定）有效数字的误差（之所以只有一到两位，是因为它本身就是误差，位数多了并无意义）。两个括号表示的则是存在两类不同的误差——通常是随机误差与系统误差。

的计算结果，μ子反常磁矩问题得到了暂时的缓解。

但这种缓解很快就失效了。

2004 年，物理学家们在对几组最新实验数据进行统计平均，并利用场论中的 CPT 对称性对有关 μ⁻ 和 μ⁺ 的数据进行合并的基础上，给出了截至本文写作之时（2009 年 4 月）为止精度最高的 μ 子反常磁矩实验值：a_μ(实验) = 116592080(63) × 10⁻¹¹，这一结果被称为 "世界平均"（world average），它的精度达到了 0.54ppm。

在图 8-1 中，我们附上了实验结果中高能电子数量随时间变化的测量结果。这幅图的技术细节就不在这里叙述了，如我们在 8.3 节和 8.4 节中所分析的，高能电子数量的变化周期，是测定 μ 子反常磁矩的关键所在。从图 8-1 中我们可以看到，高能电子数量的周期性变化在实验中显示得非常清晰。利用这样清晰的实验图线，可以得到非常精确的变化周期，并进而得到非常精确的 μ 子反常磁矩值。

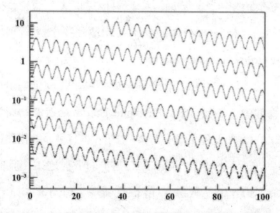

图 8-1　μ 子反常磁矩实验中高能电子数量的周期性变化

在表 8-1 中，读者可以看到自 1957 年莱德曼等人的实验到 2004 年的 "世界平均" 期间，物理学家们在测定 μ 子反常磁矩过程中所做过的实验测定及其结果[1]。

---

[1] 确切地说，表格中 1959 年内维斯实验的误差是上限 +16（即 +0.00016），下限 −12（即 −0.00012）。

表 8-1 μ 子反常磁矩的实验测定

时间	实验室	物理学家	粒子	实验结果	精度
1957	内维斯	莱德曼等	μ⁺	0.00 ± 0.10	
1959	内维斯	莱德曼等	μ⁺	0.00113(14)	12.4%
1961	欧洲核子中心	G. 查帕克（G. Charpak）等	μ⁺	0.001145(22)	1.9%
1962	欧洲核子中心	G. 查帕克（G. Charpak）等	μ⁺	0.001162(5)	0.43%
1968	欧洲核子中心	J. 贝利（J. Bailey）等	μ±	0.00116616(31)	265ppm
1975	欧洲核子中心	J. 贝利（J. Bailey）等	μ±	0.001165895(27)	23ppm
1979	欧洲核子中心	J. 贝利（J. Bailey）等	μ±	0.001165911(11)	7.3ppm
2000	布鲁克海文	H. N. 布朗（H. N. Brown）等	μ⁺	0.0011659191(59)	5ppm
2001	布鲁克海文	H. N. 布朗（H. N. Brown）等	μ⁺	0.0011659202(14)(6)	1.3ppm
2002	布鲁克海文	G. W. 贝涅特（G. W. Bennett）等	μ⁺	0.0011659203(8)	0.7ppm
2004	布鲁克海文	G. W. 贝涅特（G. W. Bennett）等	μ⁻	0.0011659214(8)(3)	0.7ppm
2004	布鲁克海文	G. W. 贝涅特（G. W. Bennett）等	μ±	0.00116592080(63)	0.54ppm

我之所以不厌其烦地列出上面这些实验结果，而不仅仅写下一个最新的实验数据，不是为了想赚稿费（这篇文章并非约稿），而是因为每次看到这样的列表——无论是关于物理学家们对 μ 子反常磁矩的实验测定还是关于数学家们对黎曼 ζ 函数非平凡零点的计算——都让我有一种感动。在现实生活中，我们很容易惊叹于秦兵马俑的严整和壮观，或感动于体育赛场上的拼搏和追求，但其实，上面这种看似枯燥的数据列表所显示的锲而不舍和精益求精，又何尝不是一种令人惊叹和感动的成就呢？这是智慧的马拉松，是人类探索未知世界的堂堂之阵。

从上面的实验结果中可以看到，早在 1979 年，第二次偏差尚未出现时，人们对 μ 子反常磁矩的实验测定就已达到了 7ppm 的高精度，那样高精度的实验与同样高精度的理论相吻合，那是何等精彩的成就？但物理学家们并未就此止步，他们的目光总是望着更远的地方。大自然是迷人的，她的迷人不仅在于美丽，更在于她永远蒙着面纱。无论已经走得多远，无论取得过多么精彩成就，我们都无法事先就确知一次新的探索是否会带来新的惊奇。某些对科学方法无知的人喜欢把科学界对科学的推崇与教徒们对宗教的信仰混为一谈，他们没有看到，在科学界推崇科学的背后，是他们对未知世界永不停息的追求。在那样的追求中，他们随时准备面对新的挑战，他们乐于接受新的事实，勇于检讨旧的体系。更重要的是，无论是接受新的事实还是检讨旧的体系，他们都一如既往地严谨、求实、沉稳、坦率，他们大胆假设、小心求证，不让主观意愿蒙蔽方向，他们既不像宗教信徒那样死守教条、罔顾事实，也不像"民间科学家"那样涂鸦几笔就欢呼自己发现了新大陆。这种开放与扎实是科学能不断发现问题、探索问题、解决问题的力量源泉。

说远了，回到 μ 子的反常磁矩上来。

从数值上看，2004 年的"世界平均"与 2001 年的结果相差并不大，另一方面，这期间理论计算的结果也变化不大。因此实验与理论的偏差与 2002 年经过克内克特等人的理论修正后的偏差相比，并未发生太大变化。但问题是：在此期间实验数据的精度已由 2001 年的 1.3ppm 显著缩小到了 2004 年的 0.54ppm，因此并未发生太大变化的偏差用显著缩小了的误差来衡量就变大了，性质也变严重了。这就好比你在 100 米外分不清赵本山与老太太的差别是可以理解的，但如果在望远镜里还分不清，那就有可能是出了更严重的问题。具体地说，自 2004 年的 μ 子反常磁矩的"世界平均"公布后，实验与理论的偏差已变成了 3.2σ，这样的偏差出自偶然的概率只有千分之一点四（0.14%）。

出自偶然的概率如此之小，意味着实验与理论的偏差有可能不是偶然，而有别的原因。究竟是什么原因呢？这便是最近几年吸引了很多物理学家注意的 μ 子反常磁矩之谜[1]。

不过，这既然是横亘在实验与理论之间的谜团，我们理应对托起谜团的另外半边天——理论物理学家——的工作也作一个介绍，他们在研究 μ 子反常磁矩的征程中所付出的艰辛、所获得的成果都不亚于实验物理学家，他们也是故事的主角。

---

[1]　由于不同文献采用的理论数据略有差异，因此有些文献给出的偏差为 3.4σ，甚至为 3.6σ，相应的概率分别为 0.07% 和 0.03%。

8.7 理论计算——经典电动力学

现在我们来谈谈理论方面的工作。我们知道，磁矩并不是什么奇幻概念，事实上，每位学过经典电动力学的读者都多多少少做过一些有关磁矩的计算。在经典电动力学中，一个电流分布产生的磁矩为

$$\boldsymbol{\mu} = \frac{1}{2} \int \boldsymbol{r} \times \boldsymbol{j} \mathrm{d}^3 \boldsymbol{r} \tag{11}$$

其中 $\boldsymbol{j}$ 为电流密度矢量，它是电荷密度 ρ_e 与速度 $\boldsymbol{v}$（都作为坐标的函数）的乘积，即 $\boldsymbol{j} = \rho_e \boldsymbol{v}$。如果我们假设电荷分布是由某种具有固定荷质比的粒子所组成的，那么电荷密度应该与质量密度 ρ_m 成正比，即 $\rho_e = (e/m)\rho_m$，则

$$\boldsymbol{\mu} = \frac{e}{2m} \int \rho_m \boldsymbol{r} \times \boldsymbol{v} \mathrm{d}^3 \boldsymbol{r} = \frac{e}{2m} \boldsymbol{s} \tag{12}$$

其中 $\boldsymbol{s}$ 为该电流体系的角动量。

将式（12）与前面式（1）相比较，我们看到，这样一个经典电流分布的 g 因子为 1（请读者想一想，它所对应的反常磁矩是多少），只有实验测得的 μ 子 g 因子的一半左右。这一计算虽然是经典的，但与量子理论中有关轨道磁矩的结果相一致。不过，我们在进行上述计算时曾假定电荷密度与质量密度成正比。这样的假设对于像轨道磁矩这样电荷分布由某种具有固定荷质比的粒子——比如电子——所组成的体系是适用的。但如果考虑的是像 μ 子这样其内部结构本身就纯属虚构的对象，电荷密度与质量密度成正比的假设就并非不言而喻了。

如果我们放弃电荷密度与质量密度成正比的假设，那么在原则上就可以通过引进彼此独立的电荷及质量分布来得到不同的 g 因子，甚至得到与实验相一致的结果。倘若时间退回到经典电子论盛行的年代，这或许不失为一件可以尝试的事情。但如今我们早已知道，这样的经典模型绝不是计算 μ 子磁矩的正道，它顶多能作为经典电动力学的练习题[①]。

[①] 对这样的练习题感兴趣的读者可以试着计算一些电荷密度不正比于质量密度的经典模型，比如质量密度具有电磁起源的模型，看看能得到怎样的 g 因子。

8.8　理论计算——相对论量子力学

告别了经典电动力学，理论计算的下一站显然就是量子力学，确切地说是以狄拉克方程为基础的相对论量子力学。相对论量子力学的出现带来了几个很漂亮的结果，把当时几个重要的经验假设或孤立推导变为了理论的自然推论，这其中包括 1/2 自旋，自旋 - 轨道耦合中的托马斯因子，以及本文所关心的 g 因子。这几个结果的推导如今已是量子力学教材的标准内容，我们在这里只简单介绍一下对 g 因子的推导。由于 g 因子体现在磁矩与外场的耦合上，因此我们需要用到带外场的狄拉克方程（这里我们采用约化普朗克常数 $\hbar$ 及光速 c 均为 1 的单位制）：

$$(i\gamma^{\mu}D_{\mu}-m)\psi=0 \tag{13}$$

式中 γ^{μ} 是狄拉克矩阵，$D_{\mu}=\partial_{\mu}+ieA_{\mu}$ 是协变导数。用 $(i\gamma^{\mu}D_{\mu}+m)$ 作用于式（13），利用狄拉克矩阵的代数性质，小心处理算符的顺序，并与非相对论量子力学方程相比较，便可得到一个描述磁矩与外场相互作用的哈密顿项：

$$\delta H = -\left(\frac{e}{4m}\right)\sigma^{\mu\nu}F_{\mu\nu} = -\left(\frac{e\varSigma}{2m}\right)\cdot \boldsymbol{B} + （电场耦合项） \tag{14}$$

这里 $\sigma^{\mu\nu}= (i/2)[\gamma^{\mu}, \gamma^{\nu}]$，其空间分量为 $\sigma^{ij}= (1/2) \varepsilon^{ijk}(\varSigma_{k}/2)$，而 $\varSigma_{k}/2$ 正是 1/2 自旋 s 的分量的 4×4 矩阵表示。这一哈密顿项对应的磁矩为 $\boldsymbol{\mu}=(e/m)s$，与式（1）相比较便可得到 $g=2$，或者说反常磁矩为零。因此相对论量子力学预言自旋 1/2 带电粒子的反常磁矩为零。这一结果最初是针对电子的，但它适用于包括 μ 子和 τ 子在内的所有没有内部结构的自旋 1/2 带电粒子。在 20 世纪 40 年代后期的精密实验出现之前，这一结果与实验吻合得很好，而且它有一个非常漂亮的特点，那就是无须对粒子的内部结构作出任何人为假设。

但如今我们当然早已知道，这也并非故事的全部。相对论量子力学所给出的自旋 1/2 带电粒子的磁矩只是它们的"正常"磁矩。虽然电子、μ 子和 τ 子迄今仍被认为是没有内部结构的基本粒子，但它们的 g 因子却并不恰好等于 2，它们都存在所谓的反常磁矩，对这些反常磁矩的理解是量子场论的一大成果。

8.9 理论计算——量子电动力学

具有现实意义的最简单的量子场论之一是量子电动力学（quantum electrodynamics，QED），它是描述自旋 1/2 的带电粒子与电磁场相互作用的理论。对于计算 μ 子的反常磁矩来说，这是最具重要性的理论，因为电磁相互作用是 μ 子所参与的最强的相互作用。相应地，来自量子电动力学的贡献在 μ 子反常磁矩中也占了最主要的份额。

量子电动力学对 μ 子反常磁矩的最低阶贡献来自如图 8-2 所示的单圈图（当然，量子电动力学也包含了 μ 子的"正常"磁矩——请读者想一想，与"正常"磁矩相对应的图是怎样的）。这幅图虽然简单，计算起来却绝非轻而易举，在 20 世纪 40 年代，这类简单的圈图（当然，它最初并不是用图来表示的）曾经使很多物理学家深感困惑，其中包括像玻尔和狄拉克那样的量子力学先驱——因为直接计算的结果是发散的。时过境迁，这个单圈图的计算如今早已"标准化"，成了量子场论教材中有关重整化计算的标准内容，它所给出的 μ 子反常磁矩为

$$a_\mu^{(2)} = \frac{\alpha}{2\pi} = 0.5\left(\frac{\alpha}{\pi}\right) \tag{15}$$

式中 $\alpha = e^2 \approx 1/137.035999679(94)$ 为描述电磁相互作用强度的精细结构常数（感兴趣的读者请试着恢复一下被略去的约化普朗克常数和光速），上标（2）表示该结果相对于 e 的幂次（一般地，n 圈图对应的幂次为 $2n$）。这一单圈图结果最早是由美国物理学家朱利安·施温格（Julian Schwinger）在 1948 年得到的，它当时针对的是电子，但实际与轻子类型无关（只要自旋为 1/2，电荷为 e），因而是普适的。$\alpha/2\pi$ 这一漂亮结果后来被刻在了施温格的墓碑上。

上述单圈图的贡献约占 μ 子反常磁矩的 99.6%。对于实验精度不高的物理量来说，单此一项无疑就是很好的结果了，可是 μ 子反常磁矩恰好是实验精度很高的物理量，因此我们必须"大胆地往前走"。接下来的贡献来自双圈图。不幸的是，圈图计算的复杂度是随圈数增加而指数上升的，双圈图不仅数量有 9 幅之多，而且每一幅都远比量子场论教材中的例题来得复杂（图 8-3）。

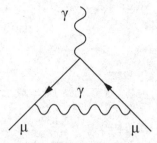

图 8-2　μ 子反常磁矩的量子电动力学单圈图

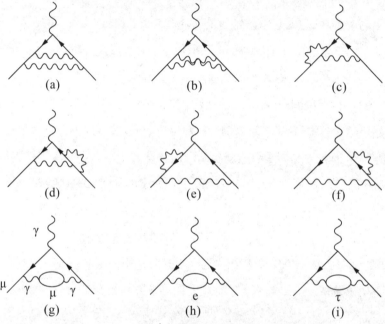

图 8-3　μ 子反常磁矩的量子电动力学双圈图

在图 8-3 中，（a）～（g）只含 μ 子本身及光子，与轻子类别无关，因而与单圈图的贡献一样，也是普适的（请读者想一想，图 8-3（g）明明包含 μ 子内线，为何结果会与轻子类别无关）。这 7 幅图的计算虽然复杂，结果却还算紧凑，并且具有纯解析的系数，具体形式为[①]

---

① 　在这一结果（以及更复杂的圈图结果）中出现了像黎曼 ζ 函数这样的超越函数，这种函数的出现不是偶然的，而是与诸如纽结理论（knot theory）及非对易几何那样的数学结构有着一定的关联。

$$a_\mu^{(4)} = \left[\frac{197}{144} + \frac{\pi^2}{12} - \left(\frac{\pi^2}{2}\right)\ln 2 + \frac{3}{4}\zeta(3) \right]\left(\frac{\alpha}{\pi}\right)^2 = -0.328478965579\cdots\left(\frac{\alpha}{\pi}\right)^2 \quad (16)$$

这一结果是 A. 皮特曼（A. Petermann）和 C. M. 索末菲（C. M. Sommerfield）于 1957 年彼此独立地得到的。

双圈图中的最后两幅分别含有电子与 τ 子的内线，因此其结果与电子及 τ 子的质量——确切地说是它们与 μ 子的质量之比——有关。这两幅图的贡献分别为（括号中的 e 和 τ 表示内线的类型）[1]：

$$a_\mu^{(4)}(e) \approx 1.0942583111(84)\left(\frac{\alpha}{\pi}\right)^2$$

$$a_\mu^{(4)}(\tau) \approx 0.000078064(25)\left(\frac{\alpha}{\pi}\right)^2$$

对于这两个结果，有两点可以补充。第一点是：$a_\mu^{(4)}(e)$ 具有解析表达式，但由于系数的表达式中含有电子与 μ 子的质量，因而与式（16）的纯解析的系数不同，会受实验误差影响；第二点则是：$a_\mu^{(4)}(\tau)$ 中最具贡献的项正比于 $(m_\mu/m_\tau)^2$。这种来自于重粒子内线的质量平方依赖性具有重要意义，因为它表明倘若在某个未知的能标上存在某种尚不为我们所知的"新物理"（相应地存在某种表征该能标的重粒子）对轻子的反常磁矩有影响，那么这种影响对 μ 子要比对电子的大四个数量级（因为 μ 子的质量平方要比电子的大四个数量级）。也正因为如此，虽然电子反常磁矩的实验精度比 μ 子的高出三个数量级[2]，但 μ 子反常磁矩对"新物理"的敏感度却要高于电子反常磁矩[3]，这是人们重视 μ 子反常磁矩，并且或许也是人

----

① 我们所引的数值结果已采用了轻子质量的新近实验值。不过对那两幅图的计算本身则是 20 世纪 50 年代和 60 年代的工作（当时虽然 τ 子尚未被实验所发现，但理论物理学家们仍考虑了重轻子内线的情形）。

② 截至 2008 年，电子反常磁矩的实验值为 $115965218073(28) \times 10^{-14}$，误差为 0.24ppb（十亿分之零点二四，ppb 为十亿分之一）。

③ 细心的读者也许会问：那么 τ 子呢？τ 子的质量平方比 μ 子的还要大两个数量级，它对新物理的敏感度岂不是更高？答案是：τ 子反常磁矩对新物理的敏感度的确比 μ 子的更高，但可惜的是，τ 子反常磁矩的实验精度却太低（其中一个重要原因是 τ 子的寿命太短），从而彻底抵消了敏感度上的优势。

们首先在 μ 子反常磁矩上发现偏差的主要原因——当然，这一偏差的客观性在目前还不是毫无争议的（我们会在后文中提到）。

双圈图的情形大体就是如此，下一关是多达 72 幅的三圈图——而且平均而言每一幅都比双圈图困难得多。在那 72 幅三圈图中，只含光子及 μ 子内线的普适部分具有解析结果，其数值为

$$a_{\mu}^{(6)} = 1.181241456578 \cdots \left(\frac{\alpha}{\pi} \right)^3 \tag{17}$$

这一结果是 S. 拉珀塔（S. Laporta）和 E. 莱密迪（E. Remiddi）经过 25 年的艰辛计算，于 1996 年得到的。当然，在那之前人们已做过数值计算，拉珀塔和莱密迪的解析结果很好地印证了那些数值计算。

与双圈图类似，在三圈图中也有包含电子或 τ 子内线的图，不仅如此，在三圈图中还首次出现了同时包含电子和 τ 子内线的图。这三类图的贡献分别为

$$a_{\mu}^{(6)}(e) \approx 1.920455130(33) \left(\frac{\alpha}{\pi} \right)^3$$

$$a_{\mu}^{(6)}(\tau) \approx -0.00178233(48) \left(\frac{\alpha}{\pi} \right)^3$$

$$a_{\mu}^{(6)}(e,\tau) \approx 0.00052766(17) \left(\frac{\alpha}{\pi} \right)^3$$

除这些可效仿双圈图进行分类的图之外，在三圈图层次上还首次出现了如图 8-4 所示的"光子 - 光子"散射[①]：

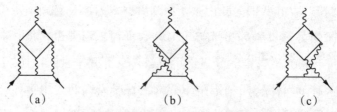

（a）　　　　　　　　（b）　　　　　　　　（c）

图 8-4　三圈图中的"光子 - 光子"散射

① 这类散射之所以被称为"光子 - 光子"散射，是因为图的上半部是一个连接四条光子线的费米子圈，这是描述最低阶"光子 - 光子"散射的圈图。

这是一类纯粹由光子内线连接上下两部分的图（学过量子电动力学的读者请想一想，可不可以通过去掉上述图中的某条光子内线，使"光子 - 光子"散射出现在双圈图中）。在这类图中，费米子内圈为 μ 子的贡献已包含在了式（17）中，剩下的是费米子内圈为电子及 τ 子的情形，其结果分别为（下标"1×1"表示"light-by-light"）：

$$a_\mu^{(6)}(e)_{l \times l} \approx 20.94792489(16)\left(\frac{\alpha}{\pi}\right)^3$$

$$a_\mu^{(6)}(\tau)_{l \times l} \approx 0.00214283(69)\left(\frac{\alpha}{\pi}\right)^3$$

以上就是三圈图的贡献。从拉珀塔和莱密迪花费 25 年的时间才计算出其中的一部分来看，三圈图无疑是可怕的。但跟四圈图相比，三圈图就又不算什么了。四圈图共有 891 幅之多，而且平均而言每一幅又比三圈图困难得多。但四圈图已在实验可以检验的精度范围之内，因此这一关必须得过。幸运的是，在计算机的辅助下，经过许多物理学家多年的努力，四圈图的数值计算也已经有了结果。截至 2008 年，四圈图的计算结果中只含光子及 μ 子内线的普适部分为

$$a_\mu^{(8)} = -1.9144 \cdots \left(\frac{\alpha}{\pi}\right)^4 \tag{18}$$

含电子或 τ 子内线的非普适部分的贡献为（其中"光子 - 光子"散射已按所涉及的费米子内线的类型归入相应的类别了）

$$a_\mu^{(8)}(e) \approx 132.6823(72)\left(\frac{\alpha}{\pi}\right)^4$$

$$a_\mu^{(8)}(\tau) \approx 0.005(3)\left(\frac{\alpha}{\pi}\right)^4$$

$$a_\mu^{(8)}(e,\tau) \approx 0.037594(83)\left(\frac{\alpha}{\pi}\right)^4$$

这里我们照例将普适项——$a_\mu^{(8)}$——单独列了出来。有些物理学家在比较了一圈图到四圈图的普适项（15）~（18）之后注意到了两个特点：一是它们的符号

正负交错；二是它们的数值系数都不大（数量级为 1）。这两个特点（尤其是前一个）是否具有普遍性，目前尚无定论。

上述圈图计算基本包含了截至本文写作之时（2009 年 4 月）为止的 μ 子反常磁矩实验能够检验的所有量子电动力学效应。但这还不是故事的全部，理论物理学家们对总数多达 12 672 幅的五圈图的贡献也进行了估算，其结果为

$$a_\mu^{(10)} \approx 663(20) \left(\frac{\alpha}{\pi} \right)^5$$

现在我们小结一下量子电动力学对 μ 子反常磁矩的贡献[①]（表 8-2）。

表 8-2　量子电动力学对 μ 子反常磁矩

单圈图贡献	$116\ 140\ 973.289(43) \times 10^{-11}$
双圈图贡献	$413\ 217.620(14) \times 10^{-11}$
三圈图贡献	$30\ 141.902(1) \times 10^{-11}$
四圈图贡献	$380.807(25) \times 10^{-11}$
五圈图贡献	$4.48(14) \times 10^{-11}$

将上述结果合并起来，可以得到量子电动力学对 μ 子反常磁矩的总贡献为 $116\ 584\ 718.10(21) \times 10^{-11}$，它约为 μ 子反常磁矩实验值的 99.994%。

8.10　理论计算——电弱统一理论

在标准模型的框架内，量子电动力学是所谓电弱统一理论（electroweak theory）的一部分。在电弱统一理论中，除光子外，还有通过 W 粒子、Z 粒子以及希格斯粒子传递的相互作用，它们对 μ 子反常磁矩也有贡献。在这里，我们将电弱统一理论中除纯粹的量子电动力学贡献外的其他贡献统称为电弱统一理论的贡献。从语义上讲这是一个不无缺陷的叫法，不过很多文献都这么用，为简洁起见，本文就不在这方面独出心裁了。

理论物理学家们对电弱统一理论框架内轻子反常磁矩的计算始于 20 世纪 70

---

① 这里我对若干数据的误差进行了合并，想知道误差细节的读者请参阅本系列的参考文献。

年代初。但是——如我们很快将会看到的——由于电弱统一理论对 μ 子反常磁矩的贡献相当微小，直到 2001 年，实验上的精度才达到了能够检验这一贡献的程度。

好了，现在我们来看看电弱统一理论的贡献。在单圈图层次上，电弱统一理论对 μ 子反常磁矩的贡献体现在图 8-5 中。

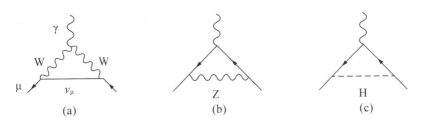

图 8-5　μ 子反常磁矩的电弱统一理论单圈图

这里我们采用的是幺正规范（unitary gauge），这一规范的重要特点是可以消除电弱统一理论（以及更一般的杨 - 米尔斯理论）中的所谓 "鬼粒子"（ghost）。

上述三幅单圈图所描述的分别是与 W 粒子、Z 粒子以及希格斯粒子有关的贡献。这三幅图的贡献早在 1972 年就由 R. 杰基夫（R. Jackiw）、N. 卡比玻（N. Cabibbo）、W. A. 巴丁（W. A. Bardeen）、藤川和男（K. Fujikawa）、李昭辉（B. W. Lee）等五组（共计十几位）物理学家各自独立地计算出了。细细品味的话，这是一件有点令人惊讶的事情。要知道，当时杨 - 米尔斯理论的可重整性才刚被荷兰物理学家杰拉德·特·胡夫特（Gerard't Hooft）所证明，对确立电弱统一理论的地位至关重要的中性流、W 粒子、Z 粒子等均尚未被实验所发现，物理学家们对电弱统一理论是否是描述弱相互作用的可靠理论尚存争议。可以说，当时理论计算的可行性虽已开启，但理论框架的可靠性尚未确立，就在那样的情况下，居然有那么多理论物理学家几乎一拥而上地在第一时间就计算出了上述单圈图的结果，高能物理领域的竞争之激烈可见一斑。事实上，如今回顾起来，当时高能物理领域的很多研究都同时有多位物理学家，甚至多个研究小组在彼此独立地进行，而且各自的完成时间也彼此相近[1]。

---

① 学术领域中的这种激烈竞争延续到今天，可以说是有过之而无不及。别说是热门领域，就连笔者当年在研究生阶段与导师所做的相对冷门的工作，四项之中就有两项与其他物理学家撞了车。

与量子电动力学一样，电弱统一理论的上述单圈图贡献也有解析结果。在实际计算中，我们还可放心地略去受 $(m_\mu/m_W)^2$、$(m_\mu/m_Z)^2$ 或 $(m_\mu/m_H)^2$ 抑制的项（m_μ、m_W、m_Z 及 m_H 分别为 μ 子、W 粒子、Z 粒子以及希格斯粒子的质量），因为它们的贡献都远在实验误差以下。利用各粒子及耦合常数的现代数据，上述单圈图贡献的数值结果为

$$a_\mu^{(2)}(W) = 388.70(0) \times 10^{-11}$$

$$a_\mu^{(2)}(Z) = -193.89(2) \times 10^{-11}$$

$$a_\mu^{(2)}(H) \leqslant 5 \times 10^{-15}$$

这里的上标 2 沿用了量子电动力学中"n 圈图对应的幂次为 $2n$"这一圈图标识。这一标识我们在后面介绍量子色动力学的贡献时也将使用，虽然那上标已不再代表结果相对于电荷 e 的幂次（但依然能理解成相对于广义的耦合常数的幂次）。上面与希格斯粒子有关的结果（第三式）是在 $m_H \geqslant 114\text{GeV}$ 的前提下得到的，但这一点在当前的实验精度下并不重要，因为这一项其实是一个受 $(m_\mu/m_H)^2$ 抑制的项，完全可以忽略。

与量子电动力学的贡献相比，电弱统一理论的贡献要小得多，计算却复杂得多，可谓事倍功半。这一点在双圈图中体现得尤为明显。由于电弱统一理论的顶点类型众多，双圈图的数目也要多得多，总数高达 1678 幅，其中一些典型的双圈图贡献如图 8-6 所示。

这里每一幅图实际上都是很多不同图的集合，其中费米子内线 f 可取的粒子类型遍及所有的轻子和夸克（即 ν_e，ν_μ，ν_τ，e，μ，τ，u，c，t，d，s，b）[①]，相应的与 f 同时出现在图（d）和图（e）中的 f′ 所取的粒子类型则为与 f 构成弱相互作用双重态的那另一种粒子（即 e，μ，τ，ν_e，ν_μ，ν_τ，d，s，b，u，c，t）。这还远远不是双圈图的全部。事实上，这只是包含费米子圈的所谓"费米子贡献"（fermionic contribution）。在电弱统一理论的双圈图中，还有不包含费米子圈的图，

---

① 不过在图 8-6（d）中，f 所取的粒子类型将不会包括中微子（请读者想一想这是为什么）。

那些图的贡献被称为"玻色子贡献"（bosonic contribution），其大小与费米贡献几乎是半斤八两。

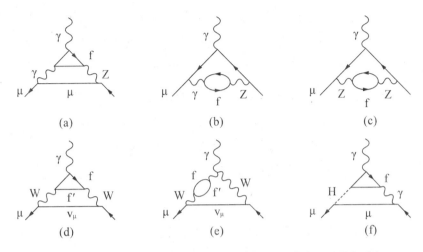

图 8-6　μ 子反常磁矩的电弱统一理论双圈图（费米子贡献部分）

电弱统一理论双圈图的一个引人注目的特点，是包含了来自夸克的贡献。

说到来自夸克的贡献，有些读者也许会问：上节所介绍的量子电动力学的双圈图为什么没有包含夸克的贡献？夸克不是也带电，从而也能参与电磁相互作用吗？答案是：我们把那种贡献算到后文将要介绍的量子色动力学贡献中去了。好刨根问底的读者也许还会进一步问：同样是夸克的贡献，为什么在考虑量子电动力学时不算在内，考虑电弱统一理论时却算在内？这是纯粹分类上的自由呢，还是别有原因？答案是：量子电动力学的贡献不包括夸克可以算是纯粹分类上的自由，但电弱统一理论的贡献包含夸克有着更深层的原因。这原因就是：在电弱统一理论中不仅存在矢量流（vector current），而且还存在轴矢量流（axial-vector current），当两个矢量流顶点（通常记为 V）与一个轴矢量流顶点（通常记为 A）组成一个 VVA 型的三角图时，会出现所谓的量子反常（anomaly）效应。对这种效应的消除需要同时考虑轻子与夸克的作用。

电弱统一理论双圈图的计算是相当复杂的。从粒子种类上讲，既有轻子，也有夸克；从圈图结构上讲，既有费米贡献，也有玻色贡献；从效应类型上讲，既有微扰效应，也有非微扰效应。其中与夸克有关的贡献最为复杂，对于那样的贡献，图 8-6 中的费米圈只能算是一种象征性的表示。以图 8-6（a）为例，真正与夸克有关的计算可以用图 8-7 来表示。

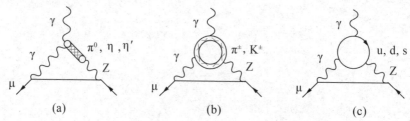

图 8-7　与夸克有关的电弱统一理论双圈图

这其中前两幅图表示的是用有效场理论（effective field theory）对低能（即长程）效应的计算，这种计算包含了由束缚态（即图中的各种介子）所表示的非微扰效应。第三幅图表示的则是用夸克 - 部分子模型（quark-parton model）中对高能（即短程）效应的计算，这种计算包含的是微扰效应。

由于双圈图计算的复杂性，也由于双圈图贡献的微小性，对双圈图的计算比单圈图晚了将近 20 年，直到 20 世纪 90 年代初，才由 E. A. 库雷夫（E. A. Kuraev）等人给出了初步结果。但他们的计算存在很大的缺陷，比如忽略了一些费米子三角图的贡献，那些三角图在量子电动力学中是没有贡献的——由于法雷定理（Furry's theorem），在电弱统一理论中则不然（由于宇称破缺）。另外他们也没有考虑夸克的贡献——如前所述，这会使得量子反常效应无法得到消除。后来的研究者们纠正了那些缺陷，目前有关电弱统一理论双圈图贡献的数值结果为

$$a_\mu^{(4)}(\text{电弱统一理论}) = (-42.08 \pm 1.5 \pm 1.0) \times 10^{-11}$$

其中第一项误差主要来自希格斯粒子质量的不确定性，第二项误差则来自与夸克有关的计算。如果希格斯粒子质量只有 100GeV（这基本上已被实验所排除），上述双圈图的贡献将取最大值，约为 -40.98×10^{-11}；如果希格斯粒子质量高达 300GeV，上述双圈图的贡献则取最小值，约为 -43.47×10^{-11}。但这两者的差异比实验误差小了一个数量级，因此希格斯粒子质量的不确定性不太可能用来消弭 μ 子反常磁矩之谜。

将电弱统一理论的双圈图效应与 8.6 节中介绍过的"世界平均"实验值的误差（即 63×10^{-11}）相比，可看到它已略小于实验误差。但它与单圈图效应相比却并不显得很小（约为单圈图贡献的五分之一），这使得理论物理学家们不敢轻易忽略更复杂的三圈图效应。但幸运的是，对三圈图效应的初步计算表明它比双圈图小得多，数值仅为

$$a_{\mu}^{(6)}\left(\text{电弱统一理论}\right) = \left(0.4 \pm 0.2\right) \times 10^{-11}$$

当然，这一计算是非常粗略的，所用的方法是重整化群方法，考虑的贡献则是最低阶的对数贡献（leading logarithmic contribution）。但由于其结果比实验误差小了整整两个数量级，相对于我们所考虑的实验误差来说几乎铁定可以被忽略。

将上述所有贡献合在一起，我们得到电弱统一理论对 μ 子反常磁矩的总贡献为 $154(2)(1) \times 10^{-11}$。这其中第一项误差来自与夸克有关的计算，第二项误差主要来自希格斯粒子质量的不确定性。电弱统一理论对 μ 子反常磁矩的贡献只相当于"世界平均"实验值误差的 2.4 倍，是标准模型贡献中最小的一类[①]。但这一贡献虽然微小，一旦忽略的话，却会使理论与实验的误差扩大到接近 6σ 左右，因此它的存在依然是很重要的。

8.11 理论计算——量子色动力学

在前两节中，我们介绍了电弱统一理论（含量子电动力学）对 μ 子反常磁矩的贡献。在标准模型中，除电弱统一理论外还有一个很重要的部分，那就是量子色动力学（quantum chromodynamics，QCD），它是描述强相互作用的理论。虽然我们都知道，μ 子作为轻子并不直接参与强相互作用，但自然界的相互作用是无法彼此隔离的，μ 子虽不直接参与强相互作用，却可以通过电弱相互作用间接参

---

① 不同文献给出的电弱统一理论的总贡献略有差异，我们这里所取的是多数文献所列的结果，它与上述单项结果之和的差异在计算误差许可的范围之内，比实验误差则小了两个数量级，不会对讨论产生任何影响。

与，而这种间接参与对 μ 子的反常磁矩也有贡献，而且这种贡献——如我们将会看到——要比除量子电动力学外的电弱统一理论的其他贡献大几十倍，因而是不容忽视的。

在量子色动力学对 μ 子反常磁矩的贡献中，最简单的部分来自如图 8-8 所示的由强相互粒子引起的真空极化效应。

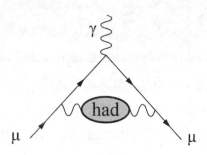

图 8-8　μ 子反常磁矩的量子色动力学真空极化图

这种贡献虽然相对来说已是最简单的，却仍比电弱统一理论的计算困难得多。之所以困难，是因为量子色动力学具有的所谓"红外囚禁"（confinement）特性。由于这种特性的存在，在电弱统一理论中行之有效的微扰方法对量子色动力学来说只有在高能区，且远离各种共振态时，才具有可以接受的精度。在低能区或共振态附近则不再适用。

在图 8-8 中，那个强相互作用"团块"从原则上讲，是表示由夸克和胶子组成的各种圈图[①]，但在低能区或共振态附近的实际计算中，实际表示的往往是来自各种强子的贡献，因为从量子色动力学的角度讲，强子是夸克、胶子体系的共振态[②]。这其中尤以质量较轻的强子——比如 π、K、η 等介子——的贡献最为重要。我们刚才说过，在低能区或共振态附近，微扰方法不再适用。事实上，在与 μ 子反常磁矩有关的低能量子色动力学计算中，不仅一般的微扰方法不再适用，就连

---

① 确切地讲，图中"团块"所表示的是"单粒子不可约"（one-particle irreducible，1PI）图，即不能通过去掉一条内线而分割为两部分的图。

② 细分的话，可以将稳定的强子称为束缚态，不稳定的称为共振态，为行文简洁起见，本文将两者统称为共振态。

在针对同类能区的其他计算——比如有关强子质量的计算——中大体有效的手征微扰理论（chiral perturbation theory）及格点量子色动力学（lattice QCD）方法也无法达到所需的精度。因此理论物理学家们在这类计算中面临的是一个真正困难的局面。

不过，这并不是他们第一次面临这样的困难局面。在 20 世纪中叶曾有一段时间，人们在描述强相互作用与弱相互作用时都遇到了巨大的困难，一度以为不仅微扰方法，甚至整个量子场论都不再适用。在那段艰难的时间里，场论的进展陷于停顿，对一些非微扰方法的研究却成为热门。后来随着量子场论的复苏，那些非微扰方法很快又冷落了下去。那虽然只是一段历史小插曲，但既然那些非微扰方法是在普通量子场论方法遭遇困难时发展起来的，而如今我们在 μ 子反常磁矩的低能量子色动力学计算中遇到的困难局面与当年的不无相似，自然就有人重新想起了那些非微扰方法。那些非微扰方法有可能再次起到一定的帮助作用吗？答案是肯定的。

在那些非微扰方法中有一种方法叫作色散关系（dispersion relation）。这名字听起来很土，像是经典物理的东西，实际上也的确有很深的经典物理渊源。它最初是荷兰物理学家亨德里克·克拉默斯（Hendrik Kramers）提出，用来描述光学介质的折射性质的。在经典物理中，色散关系的数学基础是折射率作为频率函数所具有的解析性，而这种解析性则是来源于一条非常基本的物理规律：光学介质中信号的传播速度不能超过真空中的光速。20 世纪 50 年代，美国物理学家默里·盖尔曼（Murray Gell-Mann）等人将色散关系运用到了被称为 S 矩阵（S-matrix）的粒子物理散射振幅中，由此发展出了一种与经典色散关系完全平行的方法。在这种方法中，"信号的传播速度不能超过真空中的光速"这一物理基础被换成了作为量子场论基础的微观因果性[1]，而"折射率作为频率函数所具有的解析性"这一数学基础则被换成了散射振幅在动量空间中的解析性。

对于我们所考虑的 μ 子反常磁矩的计算来说，色散关系的作用是能将 μ 子

---

[1]　量子场论中的微观因果性是指玻色（费米）场算符在类空间隔上彼此对易（反对易）。

反常磁矩中源自量子色动力学真空极化效应的贡献表示为光子自能谱函数的虚部积分。

但问题是，光子自能谱函数的虚部本身也是一个很麻烦的东西，在所考虑的能区中同样是无法进行微扰计算的。为了解决这个新的麻烦，理论物理学家们采用了另一种非微扰方法：光学定理（optical theorem）。这个甚至比色散关系还土的名字也是来自经典物理，而且也是克拉默斯提出的。与色散关系利用物理上很基本的微观因果性相类似，光学定理利用的也是物理上很基本的性质，叫作幺正性（unitarity），通俗地讲就是概率的守恒性。

对于我们所考虑的 μ 子反常磁矩的计算来说，光学定理的作用是能将上面提到的光子自能谱函数的虚部与正负电子对湮灭成强子（即 $e^-e^+ \to$ 强子）的反应截面联系起来。

因此，经过两种非微扰方法的帮助，理论物理学家们将 μ 子反常磁矩中源自量子色动力学真空极化效应的贡献与正负电子对湮灭成强子的反应截面联系起来了。但不幸的是，在所考虑的能区中，正负电子对湮灭成强子的反应截面同样是无法进行微扰计算的。虽然很没面子，但不得不承认，一涉及低能量子色动力学，理论物理学家们的处境就是这么尴尬：μ 子反常磁矩中源自量子色动力学真空极化效应的贡献没法计算；通过色散关系将之转嫁到光子自能谱函数的虚部上，还是没法计算；通过光学定理将之进一步转嫁到正负电子对湮灭成强子的反应截面上，仍然没法计算，称得上是一而再再而三地碰壁。当然，这也并不奇怪，因为像色散关系和光学定理那样的非微扰方法当年之所以会很快被冷落，是有它的道理的。那些方法虽然物理基础很坚实，数学推导也很严密，却有一个致命的弱点，那就是结果太弱，无法告诉我们足够多的细节。

不过，虽然始终没法计算，那两个步骤倒也不是白费力气，因为正负电子对湮灭成强子的反应截面是一个可以用实验测定的东西。既然如此，那我们就可以请实验物理学家帮忙，利用实验数据来弥补理论计算中无法进行到底的环节。

这正是理论物理学家们所做的。

当然，他们只在低能区或共振态附近才需要"出此下策"。具体地讲，他们只在 0~5.2GeV 与 9.46~13GeV 这两个能区中采用了实验数据与上述非微扰方法相结合的手段。这其中 0~5.2GeV 包含了低能区及大量 u、d、s、c 夸克的共振态，9.46~13GeV 则包含了许多 b 夸克的共振态（称为 Y 共振区）。在这两个能区之外的区域里理论物理学家们总算能"自食其力"（因为微扰方法基本能够适用）。经过这种实验与理论相配合的复杂努力，他们终于计算出了量子色动力学真空极化对 μ 子反常磁矩的最低阶贡献，结果是

$$a_\mu^{(4)}\left(量子色动力学真空极化\right)=\left(6903.0\pm52.6\right)\times10^{-11}$$

当然，这个结果只是许多类似结果中的一个。由于计算极其复杂，不同文献得到的结果之间存在数量级约为几十（以 10^{-11} 为单位）的偏差，是整个标准模型中 μ 子反常磁矩理论误差的首要来源。需要提到的是，在所有偏差中最引人注目的一次是出现在一组利用 τ 衰变数据所进行的计算中。我们刚才提到过，与 μ 子反常磁矩计算有关的光子自能谱函数的虚部可以通过光学定理，而与正负电子对湮灭成强子的反应截面联系起来。不过从理论上讲，那并不是唯一的方法，在 τ 子质量以下的能区中，该谱函数的虚部也可以通过 u、d 两种夸克间的同位旋对称性，而与 τ 子衰变为强子（即 τ → ν_τ + 强子）的反应截面联系起来，后者同样是可以用实验测定的东西。2003 年，人们曾用这类数据计算过 μ 子反常磁矩中源自量子色动力学真空极化效应的贡献，结果比后来通过正负电子对湮灭数据得到的大得多。当然，一个显而易见的误差来源是 u、d 两种夸克间的同位旋对称性并非严格成立，但分析表明，即便将同位旋对称性的破缺考虑在内，两组结果的偏差依然很大，甚至比 μ 子反常磁矩的理论与实验的总偏差还大。目前物理学家们的"主流民意"是认为，利用有关正负电子对湮灭成强子的反应截面的实验数据所得到的结果无论在理论还是实验上都更可靠，因此目前人们采用的是这类数据，但两者间出现大幅偏差的原因迄今仍未被完全理解。

考虑到量子色动力学的贡献相当大（比实验误差大两个数量级），更高级修正显然也是必须考虑的，比如图 8-9（每一幅代表的也都是一大类图）。

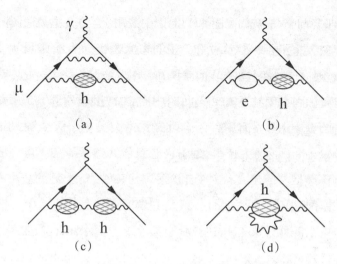

图 8-9　μ子反常磁矩的量子色动力学真空极化高阶图

图 8-9 中的（a）、（b）所代表的两大类图其实就是对 8.9 节中的图 8-3 中的任意一条光子内线添加强子圈图的结果。其中图 8-9（a）对应于图 8-3（a）~（f），图 8-9（b）对应于图 8-3（g）~（i），其中对应于图 8-3（i）的圈图由于受到质量因子 $(m_\mu/m_\tau)^2$ 的抑制，贡献小于当前的实验及理论精度，因而可以忽略。研究表明，上述各类高阶图的总贡献为

$$a_\mu^{(6)}\left(\text{量子色动力学真空极化}\right)=\left(-100.3\pm1.1\right)\times10^{-11}$$

这当然还不是故事的全部，比方说，我们在前面多次提到过的所谓的"光子-光子"散射就并未包括在上述各图之中。这种散射可以用图 8-10 来表示（已经省略了光子动量间的各种置换）。

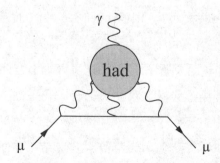

图 8-10　μ子反常磁矩的量子色动力学"光子 - 光子"散射图

研究表明，这类图的贡献主要来自一些轻质量的强子——比如 π、ρ、η、η'等介子。这类图的计算是极其困难的，如我们在 8.6 节中所说，人们在这类图的计算中曾出现过错误，该错误在 2002 年被克内克特等人所纠正。但那还不是唯一的错误，2004 年，夏威夷大学的 K. 梅尔尼科夫（K. Melnikov）等人在以往的计算中又发现并纠正了其他错误。经过不止一批研究者的努力，最近几年人们已经用几种不同的方法计算出了彼此相近——从而比较可信——的结果，其中一个典型结果是

$$a_\mu^{(6)}\left(量子色动力学 "光子-光子"\right)=(116\pm39)\times10^{-11}$$

虽然付出了艰辛努力，上述结果的相对误差仍比前面几类计算都大得多，甚至绝对误差也很大，是整个标准模型中 μ 子反常磁矩理论误差的第二大来源。有关"光子 - 光子"散射的理论计算直到最近仍不断有人在做，这类计算的复杂性还体现在迄今所有的计算都需要利用介子的一些唯象性质，从而无法做到与模型无关。

将上述几类贡献合并在一起，我们得到量子色动力学对 μ 子反常磁矩的总贡献为 $6919(64)\times10^{-11}$。

8.12　并非尾声的尾声

至此我们终于完成了对标准模型框架内 μ 子反常磁矩计算的介绍。将 8.9 节的量子电动力学、8.10 节的电弱统一理论及 8.11 节的量子色动力学贡献合并起来，便可得到标准模型对 μ 子反常磁矩的总贡献。在这里，我们将这一总贡献与 8.6 节引述的最佳实验值并排列出，作为截至本文写作之时（2009 年 12 月）为止理论与实验的对比[①]：

> μ 子反常磁矩的最佳理论值为 $116591790(65)\times10^{-11}$
> μ 子反常磁矩的最佳实验值为 $116592080(63)\times10^{-11}$

---

① 不同文献给出的最佳理论值略有出入，但与实验值的偏差大都在 3σ 以上。

上述理论值与实验值的联合误差为 90×10^{-11}，偏差却达到了 290×10^{-11}，约为联合误差的 3.2 倍（即 3.2σ）。我们在 8.6 节末尾曾经说过，这种偏差出自偶然的概率只有 0.14%，这就是所谓的 μ 子反常磁矩之谜。很显然，如果我们不想把希望寄托 0.14% 那样的小概率上，留给我们的可能性就只有三种（彼此不一定互相排斥）：

1. 理论计算存在错误；

2. 实验测量存在错误；

3. 标准模型存在局限。

这几种可能性都有人在探讨，其中最令人感兴趣的无疑是第三种可能性①。

参考文献

[1] BROWN H N, BUNCE G, CAREY R M, et al. Precise Measurement of the Positive Muon Anomalous Magnetic Moment[J]. Phys. Rev. Lett, 2001, 86: 2227-2231.

[2] CZARNECKI A, KRAUSE B. Electroweak corrections to the muon anomalous magnetic moment[J]. Phys. Rev. Lett, 1996, 76: 3267-3270.

[3] GARWIN R L, LEDERMAN L M, WEINRICH M. Observations of the Failure of Conservation of Parity and Charge Conjugation in Meson Decays: The Magnetic Moment of the Free Muon[J]. Phys. Rev, 1957, 105: 1415-1417.

[4] JACKSON J D. Classical Electrodynamics[M]. 3rd ed. New York: John Wiley & Sons, Inc., 1999.

[5] JEGERLEHNER F. Essentials of the Muon g-2, Acta[J]. Phys. Polon. 2007, B38: 3021.

[6] JEGERLEHNER F, NYFFELER A. The Muon g-2[J]. Physics Reports, 2009, 477(1-3): 1-110.

---

① 原本打算再写几节，对跟"第三种可能性"有关的种种提议或模型进行介绍，但考虑到那些提议或模型大都涉及超对称，而超对称在大型强子对撞机（large hadron collider, LHC）运行数年后的今天仍未获得实验支持，我决定让这个系列结束在这里，耐心等待尘埃落定的那一天。若那一天到来，我或许会撰写一个新的系列（或单篇，取决于内容多寡）予以介绍。[2013-07-09 补注]

[7] KNECHT M, NYFFELER A. Hadronic Light-by-Light Corrections to the Muon g-2: The pion-pole Contribution[J]. Phys. Rev, 2002, D65: 073034.

[8] MELNIKOV K, VAINSHTEIN A. Theory of the Muon Anomalous Magnetic Moment[M]. Berlin: Springer, 2006.

[9] MILLER J P, RAFAEL E D, ROBERTS B L, et al, Muon (g-2): Experiment and Theory[J]. Rep. Prog. Phys, 2007(70): 795-881.

[10] WEINBERG S. The Quantum Theory of Fields I[M]. Cambridge: Cambridge University Press, 1994.

[11] 季承, 柳怀祖, 滕丽. 宇称不守恒发现之争论解谜 [M]. 香港: 天地图书有限公司, 2004.

2009 年 12 月 15 日写于纽约

9 追寻引力的量子理论 [1]

9.1 量子时代的流浪儿

20 世纪理论物理学家说得最多的话之一也许就是："广义相对论和量子理论是现代物理学的两大支柱。"两大支柱对于建一间屋子来说可能还太少，对物理学却已嫌多。20 世纪物理学家的一个很大的梦想，就是把这两大支柱合而为一。

如今 20 世纪已经走完，回过头来重新审视这两大支柱，我们看到，在量子理论这根支柱上已经建起了十分宏伟的殿堂，物理学的绝大多数分支都在这座殿堂里搭起了自己的舞台。物理学中已知的四种基本相互作用有三种在这座殿堂里得到了一定程度的描述。可以说，物理学的万里河山量子理论已经十有其九，今天的物理学正处在一个不折不扣的量子时代。而这个辉煌量子时代的最大缺憾，就在于物理学的另一根支柱——广义相对论——还孤零零地游离在量子理论的殿堂之外。

广义相对论成了量子时代的流浪儿。

9.2 引力为什么要量子化?

广义相对论和量子理论在各自的领域内都经受了无数的实验检验。迄今为止，还没有任何确切的实验观测与这两者之一有出入 [2]。有段时间人们甚至认为，生在

---

[1] 本文完成于 2003 年，是我个人主页 http://www.changhai.org 上最早的物理类科普之一，此后虽有过文字修订，但基本内容维持了原貌。对量子引力感兴趣的读者请参阅新近文献，以弥补本文作为旧作所不可避免的局限。

[2] 这一点需略作修订：起码在目前看来，"μ 子反常磁矩之谜"（参阅已收录于本书的介绍）可算是实验观测与"量子理论"之间虽然细微，但近乎确凿的出入。[2018-01-01 补注]

这么一个理论超前于实验的时代对于理论物理学家来说是一种不幸。爱因斯坦曾经很怀念牛顿的时代，因为那是物理学的幸福童年时代，充满了生机；爱因斯坦之后也有一些理论物理学家怀念爱因斯坦的时代，因为那是物理学的伟大变革时代，充满了挑战。

今天的理论物理学依然富有挑战，但与牛顿和爱因斯坦时代理论与实验的"亲密接触"相比，今天理论物理的挑战和发展更多地是来自理论自身的要求，来自物理学追求统一、追求完美的不懈努力。

量子引力理论就是一个很好的例子。

虽然量子引力理论的主要进展大都是最近十几年取得的，但引力量子化的想法早在1930年就已经由比利时物理学家莱昂·罗森菲尔德（Léon Rosenfeld）提出了。从某种意义上讲，在今天的大多数研究中，**量子理论与其说是一种具体理论，不如说是一种理论框架，一种对具体理论——比如描述某种相互作用的场论——进行量子化的理论框架**。广义相对论作为一种描述引力相互作用的理论，在量子理论发展的早期，是除电磁场理论之外唯一的基本相互作用理论。将它纳入量子理论的框架，也因此成为继量子电动力学之后的一种很自然的想法。

但是引力量子化的道路却远比电磁场量子化来得艰辛。在经历了几代物理学家的努力，却未获实质进展之后，人们有理由重新审视追寻量子引力的理由。

广义相对论是一个很特殊的相互作用理论，它把引力归结为时空本身的几何性质。从某种意义上讲，广义相对论所描述的是一种"没有引力的引力"。既然"没有引力"，是否还有必要进行量子化呢？描述这个世界的物理理论，是否有可能只是一个以广义相对论时空为背景的量子理论呢[①]？或者说，广义相对论与量子理论是否有可能真的是两根独立支柱，同时作为物理学的基础理论呢？

这些问题之所以被提出，除了量子引力理论本身遭遇的困难外，没有任何量子引力存在的实验证据也是一个重要原因。但种种迹象表明，即便撇开由两个独

---

① 这种以广义相对论时空为背景的量子理论常常被称为半经典（semi-classical）理论，以区别于完全意义下的量子引力理论。在这种半经典理论中，物质场的量子平均作为"源"进入引力场方程中，非量子化的度规场则进入量子理论中。

立理论所带来的美学上的缺陷，把广义相对论与量子理论的简单合并作为自然图景的完整描述，仍存在许多难以克服的困难。

问题首先就在于广义相对论与量子理论并不完全相容。我们知道，一个量子系统的波函数 Ψ 由该系统的薛定谔方程（Schrödinger's equation）：

$$H\Psi = i\hbar\frac{\partial\Psi}{\partial t}$$

所决定。方程式左边的 H 被称为系统的哈密顿量（Hamiltonian），它是一个算符，包含了对系统有影响的各种外场的作用。这个方程对于波函数 Ψ 是线性的，也就是说如果 Ψ_1 和 Ψ_2 是方程的解，那么它们的任何线性组合也同样是方程的解。这被称为态叠加原理，在量子理论的现代表述中以公理的面目出现，是量子理论最基本的原理之一。可是一旦引进体系内——本身也会受到体系影响，而不仅仅是外场——的非量子化的引力相互作用，情况就不同了。因为由波函数所描述的系统本身就是引力相互作用的源，而引力相互作用又会反过来影响波函数，这就在系统的演化中引进了非线性耦合，从而破坏了量子理论的态叠加原理。不仅如此，进一步的分析还表明，量子理论和广义相对论耦合体系的解有可能是不稳定的。

其次，广义相对论与量子理论在各自"适用"的领域中也都面临着一些尖锐问题。比如广义相对论所描述的时空在很多情况下——比如在黑洞的中心或宇宙的初始——存在所谓的"奇点"（singularity）。在这些奇点上，时空曲率和物质密度往往趋于无穷大。这些无穷大的出现，是理论被推广到适用范围之外的强烈征兆。无独有偶，量子理论同样被无穷大所困扰，虽然仰仗所谓重整化方法的使用而暂时偏安一隅。但从理论结构的角度看，这些无穷大的出现，预示着今天的量子理论很可能只是某种更基础的理论在低能区的"有效理论"（effective theory）。因此广义相对论和量子理论虽然都很成功，却都不太可能是物理理论的终结，寻求一个包含广义相对论和量子理论基本特点的更普遍的理论，是一种合乎逻辑和经验的努力。

9.3　黑洞熵的启示

迄今为止，对量子引力理论最具体、最直接的"理论证据"来自于对黑洞热力学的研究。1972 年，美国普林斯顿大学的研究生雅各布·贝肯斯坦（Jacob Bekenstein）受黑洞动力学与经典热力学之间的相似性启发，提出了黑洞熵（blackhole entropy）的概念，并估算出黑洞熵正比于黑洞视界（event horizon）的面积。稍后，英国物理学家史蒂芬·霍金（Stephen Hawking）研究了黑洞视界附近的量子过程，结果发现了著名的霍金辐射（Hawking radiation），即黑洞会向外辐射粒子——也称为黑洞蒸发（blackhole evaporation），从而表明黑洞是有温度的。由此出发，霍金也推导出了贝肯斯坦的黑洞熵公式，并确定了比例系数，这就是所谓的贝肯斯坦 - 霍金公式（Bekenstein-Hawking formula）：

$$S = \frac{kA}{4L_p^2}$$

式中，k 为玻尔兹曼常数（Boltzmann constant），它是熵的微观单位；A 为黑洞视界面积；L_p 为普朗克长度（Planck length），它是由广义相对论与量子理论的基本常数组合而成的一个自然长度单位（数值约为 10^{-35} 米）。

霍金对黑洞辐射的研究所采用的正是上文提到过的，以广义相对论时空为背景的量子理论，或所谓的半经典理论。但黑洞熵的出现却预示着对这一理论框架的突破。我们知道，从统计物理学的角度讲，熵是体系微观状态数的体现。因而黑洞熵的出现表明黑洞并不像此前人们认为的那样简单，它含有数量十分惊人的微观状态，这在广义相对论的框架内是完全无法理解的。因为广义相对论有一个著名的黑洞"无毛发定理"（no-hair theorem），它表明稳定黑洞的内部性质被其质量、电荷及角动量三个宏观参数所完全确定（即便考虑到由杨 - 米尔斯场等带来的额外参数，数量也十分有限），根本就不存在所谓的微观状态。这表明，黑洞熵的微观起源必须从别的理论中去寻找。这"别的理论"必须兼有广义相对论和量子理论的特点（因为黑洞是广义相对论的产物，黑洞熵的推导则用到了量子理论）。量子引力理论显然正是这样的理论。

在远离实验检验的情况下，黑洞熵已成为量子引力理论研究中一个很重要的理论判据。一个量子引力理论要想被接受，首先要跨越的一个重要"位垒"，就是推导出与贝肯斯坦 - 霍金公式相一致的微观状态数。

9.4 引力量子化的早期尝试

引力的量子化几乎可以说是量子化方法的练兵场，在早期的尝试中，人们几乎用遍了所有已知的场量子化方法。最主要的方案有两大类：一类叫作协变量子化（covariant quantization），另一类叫作正则量子化（canonical quantization），它们共同发源于 1967 年美国物理学家布莱斯·德惠特（Bryce DeWitt）的题为《引力的量子理论》（*Quantum Theory of Gravity*）的系列论文。

协变量子化方法——也称为协变量子引力——的特点是试图保持广义相对论的协变性。具体的做法是将度规张量 $g_{\mu\nu}$ 分解为背景部分 $\bar{g}_{\mu\nu}$ 与涨落部分 $h_{\mu\nu}$：

$$g_{\mu\nu} = \bar{g}_{\mu\nu} + h_{\mu\nu}$$

不同文献对背景部分的选择不尽相同，有的取闵科夫斯基度规（Minkowski metric）$\eta_{\mu\nu}$，有的取量子有效作用量（quantum effective action）的解。这种方法与广义相对论领域里传统的弱场展开方法一脉相承，基本思路是将引力相互作用理解为某个背景时空中引力子的相互作用。在低阶近似下，协变量子引力可以很自然地包含自旋为 2 的无质量粒子，即引力子。

由于协变量子引力计算所采用的主要是微扰方法，随着 20 世纪 70 年代一些涉及量子场论重整化性质的重要定理被相继证明，人们对这一方向开始有了较系统的了解。只可惜这些结果基本上都是负面的。1974 年，荷兰物理学家吉拉德·特·胡夫特（Gerard't Hooft）和马蒂纳斯·韦尔特曼（Martinus Veltman）首先证明了，在没有物质场的情况下量子引力在单圈图（1-loop）层次上是可重整的，但只要加上一个标量物质场，理论就会变得不可重整。12 年后，另两位物理学家——M. H. 戈罗夫（M. H. Goroff）和 A. 萨格诺提（A. Sagnotti）——证明了量子引力在两圈图（2-loop）层次上是不可重整的。这一结果基本终结了早期协变量子引力的生命。又过了 12 年，Z. 伯恩（Z. Bern）等人往这一已经冷落的方向又泼了一桶凉水，他们证明了——除 $N=8$ 的极端情形尚待确定外——量子超引力也是不可重整的，从而连超对称这根最后的救命稻草也被铲除了①。

与协变量子化方法不同，正则量子化方法——也称为正则量子引力——在一开始就引进了时间轴，把四维时空流形分割为三维空间和一维时间（这被称为 ADM 分解），从而破坏了明显的广义协变性②。时间轴一旦选定，就可以定义系统的哈密顿量，并运用有约束场论中普遍使用的狄拉克正则量子化方法（Dirac's canonical quantization programme）。正则量子引力的一个很重要的结果，是所谓的惠勒 - 德惠特方程（Wheeler-DeWitt equation），它是对量子引力波函数的约束条件。由于量子引力波函数描述的是三维空间度规场的分布，也就是空间几何的分布，因此有时被称为宇宙波函数。惠勒 - 德惠特方程也因而被一些物理学家视为量子宇宙学的基本方程。

与协变量子化方法一样，早期的正则量子化方法也遇到了大量的困难。这些困难既有数学上的，比如惠勒 - 德惠特方程别说求解，连给出一个数学上比较严格的定义都很困难；也有物理上的，比如无法找到合适的可观测量和物理态③。

引力量子化的这些早期尝试所遭遇的困难，特别是不同的量子化方法给出的结果大相径庭这一现象，是具有一定启示性的。这些问题的存在反映了一个很基

---

① 当然，在量子引力这样一个复杂而微妙的领域中，想要完全否证一种方法，常常就像想要完全证实一种方法一样不可能。虽然对度规场进行微扰处理的引力量子化早期方案已不再流行，但还是不断有人在尝试挽救此类方案。比如有人在引力作用量中引进带曲率高阶幂次的项，试图降低理论的发散程度，可惜那样的理论要么仍是不可重整的，要么会破坏幺正性（unitarity）。目前这方面的努力大都已汇合在了超弦理论的微扰展开中。

② 从理论上讲，在量子化过程中破坏广义协变性并不意味着在实质意义上破坏广义协变原理。只要最终的计算结果与所选择的时间轴无关，这种破坏就只是表观的。但不幸的是，在正则量子引力中，选择不同的时间轴会导致不等价的理论。

③ 从概念上讲，构造正则量子引力的可观测量和物理态的一个主要困难，在于这两个概念都是规范不变的，但对广义相对论来说，连时间演化都是规范变换——广义坐标变换——的一部分，因此规范不变意味着连时间演化都不能存在。这在量子引力理论中被称为"时间问题"（the problem of time）。

本的事实，那就是许多不同的量子理论可以具有同样的经典极限，因此对一个经典理论量子化的结果是不唯一的。或者说，原则上就不存在对应于某个特定经典理论的所谓唯一"正确"的量子理论。其实不仅量子理论，经典理论本身也一样，比如经典牛顿引力就有许多推广，以牛顿引力为共同的弱场极限，广义相对论只是其中之一。在一个本质上是量子化的物理世界中，理想的做法也许应该是从量子理论出发，在量子效应可以忽略的情形下对理论作"经典化"，而不是相反。从这个意义上讲，量子引力所遇到的困难，其中一部分也许正是来源于我们不得不从经典理论出发，对其进行"量子化"这样一个无奈的事实。

9.5 圈量子引力

早期量子引力方案的共同特点，是继承了经典广义相对论本身的表述方式，以度规场作为基本场量。1986 年以来，印度物理学家阿沛·阿什泰克（Abhay Ashtekar）等人借鉴了几年前另一位印度物理学家阿肖克·森（Ashoke Sen）的研究工作，在正则量子化方案中引进了一种全新的表述方式，以自对偶自旋联络（self-dual spin connection）作为基本场量（这组场量通常被称为阿什泰克变量）。他们的这一做法为正则量子引力研究开创了一番新天地。同年，美国物理学家特奥多尔·雅各布森（Theodore Jacobson）和李·斯莫林（Lee Smolin）发现阿什泰克变量的一种被称为"威尔逊圈"（Wilson loop）的环路积分满足惠勒 - 德惠特方程。在此基础上，斯莫林与意大利物理学家卡罗尔·罗维利（Carlo Rovelli）提出把这种"威尔逊圈"作为量子引力的基本态，从而形成了现代量子引力理论的一个重要方案：圈量子引力（loop quantum gravity）。

圈量子引力完全避免了使用度规场，从而也不再引进所谓的背景度规，因此被称为是一种背景无关（background independent）的量子引力理论。一些支持圈量子引力的物理学家认为，圈量子引力的这种背景无关性是符合量子引力的物理本质的，因为广义相对论的一个最基本的结论，就是时空度规本身由动力学规律所决定，因而量子引力理论应该是关于时空度规本身的量子理论。在这样的理论中，经典的背景度规不应该有独立的存在，而只能作为量子场的期待值出现。

圈量子引力所采用的新的基本场量并非只是一种巧妙的变量代换。从几何上讲，杨 - 米尔斯场的规范势本身就是纤维丛上的联络场，因此以联络作为引力理论的基本变量，体现了将引力场视为规范场的物理思想。不仅如此，自旋联络对于研究引力与物质场——尤其是旋量场——的耦合几乎是必不可少的框架。因此以联络作为引力理论的基本变量，也为进一步研究这种耦合提供了舞台。罗维利和斯莫林等人发现，在圈量子引力中由广义协变性——也称为微分同胚不变性（diffeomophism invariance）——所导致的约束条件与数学上的"纽结理论"（knot theory）有着密切关联，从而使得约束条件的求解得到了强有力的数学工具支持。圈量子引力与纽结理论之间的这种联系看似神秘，在概念上其实不难理解，因为微分同胚不变性的存在，使得"威尔逊圈"中带实质意义的信息具有拓扑不变性，而纽结理论正是研究与圈有关的拓扑不变性的数学理论。

经过十几年的发展，圈量子引力已经构筑了一个数学上比较严格的框架。除背景无关性之外，圈量子引力与其他量子引力理论相比还有一个重要优势，那就是它的理论框架是非微扰的。迄今为止，在圈量子引力领域中取得的重要理论结果有两个：一个是在普朗克尺度上的空间量子化，另一个则是对黑洞熵的计算。

空间量子化曾经是许多物理学家的猜测，这不仅是因为量子化这一概念本身的广泛应用开启了人们的想象，而且也是因为一个连续的背景时空看来是量子场论中紫外发散的根源。1971 年，英国数学物理学家罗杰·彭罗斯（Roger Penrose）首先提出了一个具体的离散空间模型，其代数形式与自旋所满足的代数关系相似，被称为自旋网格（spin network）。1994 年，罗维利和斯莫林研究了圈量子引力中面积与体积算符的本征值[1]，结果发现这些本征值都是离散的，它们所对应的本征态与彭罗斯的自旋网格存在密切的对应关系。以面积算符为例，其本征值为

----

[1]　细心的读者可能会问：为什么不考虑长度算符？从技术上讲，这是由于圈量子引力的基本场量选择使得面积和体积算符远比长度算符容易处理。至于这种难易倒置的现象是否有深层的物理起源，目前尚不清楚。

$$A = L_p^2 \sum_l \sqrt{J_l(J_l+1)}$$

式中 L_p 为普朗克长度，J_l 取半整数，是自旋网格上编号为 l 的边所携带的量子数，求和 $\sum\limits_l$ 对所有穿过该面积的边进行。这是迄今为止有关普朗克尺度物理学的最具体的理论结果，如果被证实的话，或许也将成为物理学上最优美而意义深远的结果之一。圈量子引力因此也被称为量子几何（quantum geometry）。对圈量子引力与物质场——比如杨 - 米尔斯场——耦合体系的研究显示，具有空间量子化特性的圈量子引力确实极有可能消除普通场论的紫外发散。

至于黑洞熵的计算，圈量子引力的基本思路，是认为黑洞熵所对应的微观态，乃是由能够给出同一黑洞视界面积的各种不同的自旋网格位形组成的[①]。沿这一思路所做的计算最早是由罗维利和基里尔·克拉斯诺夫（Kirill Krasnov）各自完成的，其结果除去一个被称为伊米尔齐参数（Immirzi parameter）的常数因子外，与贝肯斯坦 - 霍金公式完全一致[②]。因此圈量子引力与贝肯斯坦 - 霍金公式是相容的。至于它为什么无法给出公式中的常数因子，以及这一不确定性究竟意味着什么，目前仍在讨论之中。

9.6 超弦理论

量子引力的另一种极为流行——也可以说是最流行——的方案是超弦理论（superstring theory）。与圈量子引力相比，超弦理论是一个更雄心勃勃的理论，它的目标是统一自然界所有的相互作用，量子引力只不过是其中一个部分。超弦理论被许多人称为终极理论（theory of everything，TOE），这一称谓很恰当地反映了热衷于超弦理论的物理学家们对它的厚望。

---

① 更具体地说，按照上文提到的面积算符的本征值公式，对于每一个自旋网格，黑洞的视界面积由穿过视界的边所决定，对于一个给定的视界面积，能够给出这一面积的所有自旋网格的位形——也就是所有边的组合，就构成了圈量子引力对黑洞熵统计解释的基础。
② 细致的分析表明，伊米尔齐参数也出现在面积算符的本征值公式中，这是目前圈量子引力所无法确定的参数，类似于量子色动力学中的 θ 参数。

超弦理论的前身，是 20 世纪 60 年代末 70 年代初的一种强相互作用唯象理论。与今天超弦理论所具有的宏伟的理论目标及精深而优美的数学框架相比，它在物理学上的这种登场可算是相当低调。最初的弦理论作为强相互作用的唯象理论，很快就随着量子色动力学（QCD）的兴起而没落了。但 1974 年，法国物理学家乔·谢尔克（Joël Scherk）和美国物理学家约翰·施瓦茨（John Schwarz）发现，弦理论的激发态中存在自旋为 2 的无质量粒子。由于早在 20 世纪 30 年代，奥地利物理学家沃尔夫冈·泡利（Wolfgang Pauli）及助手马库斯·菲尔茨（Markus Fierz）就已发现自旋为 2 的无质量粒子是量子化线性广义相对论的基本激发态。因此谢尔克和施瓦茨的结果立即改变了人们对弦理论的思考角度。这一改变，外加超对称的引进，使弦理论走上了试图统一自然界所有相互作用的漫漫征途，并被称为超弦理论。

10 年之后，还是施瓦茨——与英国物理学家迈克尔·格林（Michael Green）等人一起——研究了超弦理论的反常消除（anomaly cancellation）问题，并由此发现了自洽的超弦理论只存在于十维时空中，并且只有五种形式，即 I 型（Type I）、IIA 型（Type IIA）、IIB 型（Type IIB）、O 型杂弦（SO(32) Heterotic）及 E 型杂弦（$E_8 \times E_8$ Heterotic）。这就是著名的"第一次超弦革命"（first superstring revolution）。又过了 10 年，随着各种对偶性及非微扰结果的发现，在微扰论的泥沼中踽踽而行的超弦理论迎来了所谓的"第二次超弦革命"（second superstring revolution），其迅猛发展的势头延续了很多年。

从量子引力的角度来看，圈量子引力是正则量子化方案的发展，超弦理论则在某种意义上可被视为是协变量子化方案的发展。这是由于当年受困于不可重整性时，人们曾对协变量子化方法做过许多推广，比如引进超对称，引进高阶微商项，等等。那些推广后来都殊途同归地出现了在超弦理论的微扰表述中。因此尽管超弦理论本身的起源与量子引力中的协变量子化方案无关，它的形式体系在量子引力领域中可被视为是协变量子化方案的某种发展。

超弦理论的发展及内容不是本文的主题，而且已有许多专著和讲义可供参考，本文就不赘述了。在这些年超弦理论所取得的理论进展中，这里只介绍与量子引力最直接相关的一个，那就是利用所谓的"D-膜"（D-brane）对黑洞熵的计算。这是由美国物理学家安德鲁·斯特劳明格（Andrew Strominger）和伊朗裔美国物理学家卡姆朗·瓦法（Cumrun Vafa）等人在 1996 年完成的，与圈量子引力对黑洞熵的计算恰好是同一年。超弦理论对黑洞熵的计算利用了所谓的强弱对偶性（strong-weak duality），即在有一定超对称的情形下，超弦理论的某些"D-膜"状态数在耦合常数的强弱对偶变换下保持不变的性质。利用强弱对偶性，处于强耦合下，原本难以计算的黑洞熵可以在弱耦合极限下进行计算。在弱耦合极限下，与原先黑洞的宏观性质相一致的对应状态被证明是由许多弱耦合极限下的"D-膜"构成。对那些"D-膜"状态进行统计所得到的熵，与贝肯斯坦-霍金公式完全一致，甚至连圈量子引力无法得到的常数因子也完全一致。这是超弦理论最具体的理论验证之一。美中不足的是，由于上述计算要求一定的超对称性，因而只适用于所谓的极端黑洞(extremal blackhole)或接近极端条件的黑洞①。对于非极端黑洞，超弦理论虽然可以得到贝肯斯坦-霍金公式完全一致的比例关系，但与圈量子引力一样，有一个常数因子的不确定性。

9.7 结语

以上是对过去几十年来量子引力理论的发展及近年所取得的若干主要进展的一个速写。除圈量子引力与超弦理论外，量子引力还有一些其他候选理论，限于篇幅就不作介绍了。虽然如我们前面所见，这些理论各自都取得了一些重要进展，但距离构建一个完整量子引力理论的目标仍很遥远。

比如圈量子引力的成果主要局限于理论的运动学方面，在动力学方面却一直举步维艰。直至如今，人们还不清楚圈量子引力是否以广义相对论为弱场极限，或者说圈量子引力对时空的描述在大尺度上能否过渡为我们熟悉的广义相对论时空。按照定义，一个量子理论只有以广义相对论（或其他经典引力理论）为经典

---

① 所谓极端黑洞，指的是黑洞的某些物理参数——比如电荷——达到理论所允许的最大可能值。在超弦理论中，那样的黑洞可以使理论的超对称得到部分的保留。

极限，才能被称为量子引力理论。从这个意义上讲，我们不仅不知道圈量子引力是否是一个"正确的"量子引力理论，甚至于连它是不是一个量子引力理论都还不清楚①。

超弦理论的情况又如何呢？在弱场下，超弦理论包含广义相对论，因而它起码可以算是量子引力理论的候选者。超弦理论的微扰展开逐级有限，虽然级数本身不收敛，比起传统的量子理论来还是强了许多，算是大体上解决了传统量子场论的发散困难。在广义相对论方面，超弦理论可以消除部分奇点问题（但迄今尚无法解决最著名的黑洞和宇宙学奇点问题）。不仅如此，超弦理论在非微扰方面也取得了许多重要进展，而且超弦理论具有非常出色的数学框架。笔者当学生时曾听过美国物理学家布赖恩·格林（Brian Greene，不是那位超弦理论创始人之一的迈克尔·格林（Michael Green））的报告，其中有一句话印象至深。格林说："在超弦领域中，所有看上去正确的东西都是正确的。"虽属半开玩笑，但这句话很传神地道出了超弦理论的美与理论物理学家（及数学家）的直觉高度一致这一特点。对于从事理论研究的人来说，这是一种令人心旷神怡的境界。但从超弦理论精美的数学框架下降到能够与实验相接触的能区，就像航天飞机的重返大气层，充满了挑战。

超弦理论之所以被一些物理学家视为终极理论，除了它的理论框架足以包含迄今所有的相互作用外，常被提到的另一个重要特点，是超弦理论的作用量只有一个自由参数。但另一方面，超弦理论引进了两个非常重要，却迄今尚未得到实验支持的重要假设，那就是十维时空与超对称。为了与观测到的物理世界相一致，超弦理论把十维时空分解为四维时空与一个六维紧致空间的直积，这是一个很大

① 自本文完成之后，我未再持续关注圈量子引力，不过曾在回复网友时写过几句一般性的评论，现收录于此作为补注。我对圈量子引力的个人看法是：我不认为它是民科理论，它若被淘汰，我愿将之视为与经典统一场论相类似的被淘汰理论。对这一理论来说，它最需要推进的方向或许是动力学，而最可忧虑的前景或许是一个对小众理论来说比较容易发生的情形，那就是：某些支持者因长时间无法进入主流而趋于偏执，那将比没有进展更坏。因为在那种情况下，支持者的行为有可能变得接近民科，并且有可能使原本能以不失尊严的方式"安乐死"（或"蛰伏"）的理论持续活跃，同时却越来越被主流学术界所轻视。[2011-02-12 补注]

的额外假定。超弦理论在四维时空中的具体物理预言与紧致空间的结构有关，因此除非能预言紧致空间的具体结构——仅仅预言其为卡拉比–丘流形（Calabi-Yau）是远远不够的，描述那种结构的参数就将成为理论中的隐含参数。此外，超弦理论中的超对称也必须以适当的机制破缺。将所有这些因素都考虑进去之后，超弦理论是否仍满足人们对终极理论的想象和要求，也许只有时间能够告诉我们。

圈量子引力与超弦理论是互不相关的理论，彼此间唯一明显的相似之处就是两者都使用了一维的几何概念——前者的"圈"和后者的"弦"——作为理论的基础。如果这两个理论都反映了物理世界的某些本质特征，那么这种相似也许就不是偶然的。未来的研究是否会揭示出这种巧合背后的联系，现在还是一个谜。

最后，让我引用罗维利在第九届格罗斯曼会议（Marcel Grossmann meeting）中的一段评论作为本文的结尾：

路尚未走到尽头，许多东西仍待发现，如今的某些研究也许会碰壁。但无可否认的是，纵观这一领域的全部发展，可以看到持续的进展。路——毫无疑问——是迷人的。

参考文献

[1] ASHTEKAR A. New Variables for Classical and Quantum Gravity[J]. Phys. Rev. Lett, 1986, 57: 2244.

[2] JACOBSON T, SMOLIN L. Nonperturbative Quantum Geometries[J] Nucl. Phys, 1988, B299: 295.

[3] ROVELLI C, SMOLIN L. Discreteness of Area and Volumn in Quantum Gravity[J]. Nucl. Phys, 1995, B442: 593.

[4] ROVELLI C. Black Hole Entropy from Loop Quantum Gravity[J]. Phys. Rev. Lett, 1996, 77: 3288.

[5] JOSHI P S. Global Aspects in Gravitation and Cosmology[M]. Oxford: Oxford University Press, 1996.

[6] WALLACE D. The Quantization of Gravity - An Introduction[J]. Physics, 2000.

[7] HOROWITZ G T. Quantum Gravity at the Turn of the Millennium. gr-qc/0011089.

[8] CARLIP S. Quantum Gravity: a Progress Report[J]. Rept. Prog. Phys. 64, 885, 2001.

[9] ROVELLI C. Notes for a Brief History of Quantum Gravity. gr-qc/0006061.

[10] ASHTEKAR A. Quantum Geometry and Gravity: Recent Advances[J]. General Relativity&Gravitation, 2013: 28-53.

[11] THIEMANN T. Lectures on Loop Quantum Gravity[J]. Springer Berlin Heidelberg, 2003, 631:2003.

[12] POLCHINSKI J. String Theory[M]. Cambridge: Cambridge University Press, 1998.

2003 年 2 月 8 日写于纽约

10   从对称性破缺到物质的起源 [①]

2008 年 10 月 7 日，瑞典皇家科学院（The Royal Swedish Academy of Sciences）宣布了 2008 年诺贝尔物理学奖的得主。美籍日裔物理学家南部阳一郎（Yoichiro Nambu）由于"发现了亚原子物理中的对称性自发破缺机制"（for the discovery of the mechanism of spontaneous broken symmetry in subatomic physics）获得了一半奖金；日本物理学家小林诚（Makoto Kobayashi）和益川敏英（Toshihide Maskawa）则由于"发现了预言自然界中至少存在三代夸克的破缺对称性的起源"（for the discovery of the origin of the broken symmetry which predicts the existence of at least three families of quarks in nature）而分享了另一半奖金。

在本文中，将对这三位物理学家的工作及这些工作的意义作一个简单介绍。

10.1   从对称性自发破缺到质量的起源

由于这三位物理学家的工作都与对称性的破缺有关，我们不妨从对称性开始谈起。

对称性是一种广泛存在于自然界中的现象。比方说，很多动物的外观具有左右对称性，雪花则具有六角对称性。对称性不仅在直觉上给人以美的感觉，而且还具有很大的实用性，因为任何东西倘若具有对称性，就意味着我们只需知道它的一部分，就可以通过对称性推知其余的部分。比如对于雪花，我们只要知道它的六分之一，就可以通过对称性推知它的全部。对称性所具有的这种化繁为简的特点，使它成为物理学家们倚重的概念。

---

① 本文的删节版曾发表于《科学画报》2008 年第 11 期（上海科学技术出版社出版）。

当然，宏观世界的对称性都是近似的，不过物理学家们曾经相信，微观世界的对称性要严格得多。可是，当他们深入到微观世界，尤其是亚原子世界时，却发现很多曾被认为是严格的对称性其实是破缺的。大自然仿佛就像那些有意在对称图案上添加不对称元素的艺术家一样，并不总是钟爱完整的对称性。

　　既然对称性会破缺，那么一个很自然的问题就是：它是如何破缺的？这个问题在1960年前后进入了南部阳一郎的研究视野，他通过对一种超导理论的考察，提出了对称性自发破缺（spontaneous symmetry breaking）的概念[①]，并在时隔48年之后由于这一工作获得了诺贝尔物理学奖。

　　那么，到底什么是对称性自发破缺呢？我们可以通过一个简单的例子来说明：我们知道，倘若把一根筷子竖立在一张水平圆桌的中心，那么筷子与圆桌就具有以筷子为转轴的旋转对称性。但是，竖立在圆桌上的筷子是不稳定的，任何细微的扰动都会使它倒下。而筷子一旦倒下，无论沿哪个方向倒下，那个方向就变成了一个特殊方向，从而破坏了旋转对称性。在这个例子中，倒下的筷子处于势能最低的状态，这样的状态在物理学上被称为基态。所谓对称性自发破缺，指的就是这种对称性被基态所破坏的现象。

　　对称性自发破缺为什么重要呢？首先是因为在这种情况下，虽然基态不再具有对称性，但理论本身仍然有对称性，因此对称性所具有的那种化繁为简的特点依然存在。但更重要的则是，由对称性自发破缺所导致的一系列后续研究，对于人类探索质量起源的奥秘起到了重要作用。在南部阳一郎的工作之后仅仅过了四年，英国物理学家P. 希格斯（P. Higgs）等人发现，如果把对称性自发破缺的概念用到某一类可以描述现实世界的理论中，就可以使某些基本粒子获得质量。他们的这一发现

----

① 南部阳一郎所考察超导理论是约翰·巴丁（John Bardeen）、莱昂·库珀（Leon Cooper）及约翰·施里弗（John Schrieffer）提出的 BCS 理论（1956 年）。对称性自发破缺在凝聚态物理中的出现可远溯至海森堡的铁磁模型（1928 年），南部阳一郎是最早将之引进到量子场论中的物理学家。比他稍晚，戈德斯通也提出了类似的想法。

是人类迄今提出的解释质量起源问题的最重要的机制之一[①]。

如果说，艺术家们通过在对称图案上添加一些不对称的元素，而创造出了更精巧的艺术品，那么从某种意义上讲，大自然这位更高明的艺术家则是通过对称性的自发破缺，"创造"出了基本粒子的质量。南部阳一郎等人的工作，使我们对这一切有了一种全新的认识。

10.2　从夸克混合到物质的起源

与南部阳一郎的工作类似，小林诚和益川敏英的工作也与一个重要的起源问题有关，那便是物质的起源。这个故事得从 1956 年讲起。

这个故事最早的情节是我们都很熟悉的：1956 年，李政道（T. D. Lee）和杨振宁（C. N. Yang）发现微观世界中的宇称对称性——通俗地讲就是左右（或镜面）对称性——在所谓的弱相互作用中是破缺的[②]。他们的这一发现使人们对其他一些对称性也产生了怀疑，这其中一个很重要的对称性叫作 CP 对称性[③]，它宣称如果我们把世界上的粒子与反粒子互换，并且通过一面镜子去看它，我们看到的新世界与原先的世界满足相同的物理规律。

1964 年，CP 对称性迎来了实验的判决，结果被判"死刑"，因为它在弱相互作用中同样也是破缺的。但与宇称对称性的破缺不同，CP 对称性的破缺非常微小，

---

① 这里所说的"可以描述现实世界的理论"是指规范理论。希格斯等人提出的这一机制被称为希格斯机制（Higgs mechanism），它是粒子物理标准模型的重要组成部分。当然，质量起源问题迄今仍是一个未解决的问题，对这方面更详细的介绍可参阅拙作《质量的起源》（收录于《因为星星在那里：科学殿堂的砖与瓦》，清华大学出版社，2015 年 6 月出版）。在这里，我顺便提醒读者，本文介绍的成果是标准模型的一部分，因此本文的很多论述都只适用于标准模型这一框架，在后文中我将不再一一指明其适用范围。
② 严格地讲，粒子物理中的宇称变换是 $r \rightarrow -r$，或相当于左右（或镜面）反射与一个旋转变换的叠加。由于旋转对称性在粒子物理中是严格成立的，因此人们常常把宇称对称性等同于左右（或镜面）对称性。
③ CP 对称性是电荷宇称联合对称性，其中的"CP"是电荷共轭（charge conjugation）与宇称（parity）的首字母缩写组合。电荷共轭对称性通常也叫作正反粒子对称性。

并且很难找到一个理论来描述。在 1964 年之后的一段时间里，如何解释 CP 对称性的破缺成为一个恼人的悬案。

这一悬案直到 1972 年才被小林诚和益川敏英所破解。他们发现，解决这一悬案的关键在于一些被称为夸克（quark）的基本粒子。当时人们已经知道，夸克在弱相互作用中会以彼此混合的方式参与[①]。初看起来，这跟 CP 对称性似乎没什么关系，但小林诚和益川敏英发现，倘若自然界中至少存在三代（即六种——夸克在参与相互作用时是两两分组的，每组称为一代）夸克，那么它们的混合就可以导致 CP 对称性的破缺[②]。在他们做出这一发现的时候，人们预期的夸克只有两代（即四种），已被实验发现的则只有一代半（即三种）。因此他们的工作不仅为 CP 对称性的破缺提供了一种可能的解释，而且还预言了至少一代（即两种）新的夸克。这两种新夸克分别于 1977 年和 1995 年被实验所发现，而他们提出的描述夸克混合的具体方式，也在过去三十几年里得到了很好的实验验证。

那么，CP 对称性的破缺有什么深远意义呢？我们知道，所有基本粒子都有自己的反粒子（少数粒子——比如光子——的反粒子恰好是它自己）。多数物理学家认为，宇宙大爆炸之初是处于正反物质对称的状态的。但天文观测表明，如今的宇宙却是以物质为主的。这就产生了一个问题：宇宙中的反物质到哪里去了？对于这个问题，目前还没有完整的答案，但物理学家们普遍认为，CP 对称性的破

[①] 夸克以彼此混合的方式参与弱相互作用的设想，可以回溯到 1963 年意大利物理学家尼古拉·卡比玻（Nicola Cabibbo）的工作。不过当时夸克模型尚未问世，卡比玻提出的其实是流（current）的混合。1964 年，夸克模型问世后，墨菲·盖尔曼（Murray Gell-Mann）和默里·列维（Maurice Lévy）立刻将卡比玻的工作转译成了夸克语言（盖尔曼和列维对卡比玻的工作相当熟悉，因为后者曾受到他们几年前的一些工作的影响）。卡比玻的设想可以很好地解释某些实验，但却与另一些实验相矛盾（比如它所预言的 $K^0 \to \mu^+\mu^-$ 的衰变概率远大于实验值）。这些问题直到 1970 年才被谢尔顿·格拉肖（Sheldon Glashow）、约翰·李尔普罗斯（John Iliopoulos）和卢西亚诺·马亚尼（Luciano Maiani）通过引进第四种夸克（即 c 夸克）所解决，他们的解决方案被称为 GIM 机制（GIM mechanism）。卡比玻的理论虽有缺陷，但他是这一领域的先驱者，他与 2008 年的诺贝尔物理学奖失之交臂，与戈德斯通一样，有点令人惋惜。

[②] 需要提醒读者注意的是，虽然 2008 年获奖的三位物理学家的工作都与对称性破缺有关，但它们所涉及的对称性破缺的方式是完全不同的。南部阳一郎提出的是对称性的自发破缺，而小林诚与益川敏英的工作所涉及的则是对称性的明显破缺。

缺正是解决问题的关键环节之一。因为 CP 对称性的破缺表明物质与反物质在参与相互作用时存在着细微差别，很可能正是这种差别，外加另外一些条件，最终导致了两者的数量差异。从这个意义上讲，我们这个五彩缤纷的物质世界，包括人类自身，都很可能是 CP 对称性的细微破缺留下的遗迹[1]。

在结束本文之前，让我们来展望一种奇异的未来。假定有一天，人类与某种遥远的外星文明取得了通信联络，大家言谈甚欢后，决定见面拥抱（有点像地球上的网恋）。但问题是，谁都不想"见光死"，因此必须先确认对方相对于自己会不会是反物质。有人也许会想到，双方可以问一下对方电子所带电荷是正的还是负的，假如相同就 OK 了。但这是行不通的，因为双方对电荷正负的定义有可能恰好相反。事实上，假如 CP 对称性是严格的，双方将不会有任何方法在完全不接触的情况下，确定对方是正物质还是反物质。不过幸运的是，在这个 CP 对称性破缺的世界里，存在一种双方都可以确认的中性粒子，它衰变时产生电子的概率要比产生反电子的概率略低。利用这一点，双方就可以问对方这样一个问题：你们那里的电子在那种粒子的衰变过程中出现得较多还是较少？如果双方的答案相同，就说明拥抱是安全的，否则就只好老死不相往来了[2]。

附录：获奖者小档案

- 南部阳一郎（Yoichiro Nambu）：美籍日裔物理学家，出生于 1921 年 1 月 18 日，1952 年获东京大学（University of Tokyo）博士学位，1970 年加入美国籍，目前在美国芝加哥大学费米研究所（Enrico Fermi Institute, University of Chicago）。南部阳一郎主要从事场论研究，除此次获奖的工作外，他还是弦理论的创始人之一。

---

[1] 对宇宙中正反物质的不对称，以及物理学家们为解释这种不对称而提出的几个必要条件的更多介绍，可参阅拙作《反物质浅谈》（收录于《因为星星在那里：科学殿堂的砖与瓦》，清华大学出版社，2015 年 6 月出版）。

[2] 这里所说的中性粒子是长寿命中性 K 介子 K_L^0，所涉及的衰变模式则是 $K_L^0 \to e^+\pi^-\nu$ 与 $K_L^0 \to e^-\pi^+\bar{\nu}$。另外，这里讨论的是一个完全假想的局面，事实上，双方如果真想要搞明白对方的组成，只要各自提供一个自己世界里的电子，看彼此是否会湮灭就可以了。

南部阳一郎　　　　　　小林诚　　　　　　益川敏英

- 小林诚（Makoto Kobayashi）：日本物理学家，出生于 1944 年 4 月 7 日，1972 年获名古屋大学（Nagoya University）博士学位，目前在日本筑波高能加速器研究社（High Energy Accelerator Research Organization）。小林诚主要从事高能物理研究。

- 益川敏英（Toshihide Maskawa）：日本物理学家，出生于 1940 年 2 月 7 日，1967 年获名古屋大学（Nagoya University）博士学位，目前在日本京都产业大学（Kyoto Sangyo University）及京都大学汤川理论物理研究所（Yukawa Institute for Theoretical Physics, Kyoto University）。益川敏英主要从事高能物理研究。

2008 年 10 月 11 日写于纽约

第三部分 ——

天文

11 开普勒定律与嫦娥之旅 [①]

北京时间 2007 年 10 月 24 日下午 18 时 05 分，中国首颗探月卫星"嫦娥一号"在"长征三号甲"运载火箭的推动下冉冉升起，开始了令人瞩目的中国航天史上首次奔月之旅。

毫无疑问，"嫦娥一号"第一阶段的看点是它的飞行过程。这一过程遵循的是一条经过精密设计的轨道，目标是让"嫦娥一号"被月球俘虏，成为绕月卫星。

不过要当月球的俘虏可不是一件容易的事，因为月球的引力较弱，抓俘虏的能力有限，而且它不仅远在 38 万多千米之外，还以每秒约 1 千米的速度绕地球运动着。"嫦娥一号"飞临月球的时机和速度只要稍有偏差，就有可能当不成俘虏，或因热情过度而在与月球的亲密接触中化为尘埃。为了让"嫦娥一号"能顺利当上俘虏，同时也兼顾运载火箭的能力，"嫦娥工程"的设计者们为"嫦娥一号"安排了 1 次远地点、3 次近地点及 3 次近月点共计 7 次变轨。所有的变轨都完成得非常漂亮，"嫦娥一号"于北京时间 11 月 7 日 8 时 24 分几乎完美无缺地进入了环月工作轨道。

在这篇短文中，我们将用大家熟悉的，已有近 400 年历史的"开普勒第三定律"——它表明在一个中心天体的引力场中，所有椭圆轨道的周期平方正比于长轴长度的三次方 [②]——来估算一下"嫦娥一号"各次近地点变轨后的轨道参数，并与媒体公布的数据进行对比。我们将看到，即便在这样一个复杂的航天工程中，我们在中学物理中学到的简单规律依然可以非常有效地帮助我们理解数据。看似初等的物理学定律，在这么尖端的技术领域中有着美妙的体现。

---

① 本文曾发表于《中学生天地》2008 年 1 月刊（浙江教育报刊社出版）。
② 在表述开普勒定律的时候，人们通常采用的是半长轴的长度，不过对我们的目的来说，用长轴长度更为方便，两者的差别只是比例系数有所不同。

根据报道，"嫦娥一号"的第一次近地点变轨是在北京时间 10 月 26 日 17 时 33 分进行的，当时"嫦娥一号"的飞行高度约为 600 千米。变轨完成后它进入了近地点高度为 600 千米，周期为 24 小时的椭圆停泊轨道。我们来估算一下这一轨道的远地点高度。我们知道，开普勒第三定律只关心轨道周期和长轴长度，而与轨道椭率、卫星质量等参数完全无关。这表明所有周期为 24 小时的环地球轨道的长轴长度都相同。在这些轨道中，有一个是大家非常熟悉的，那就是地球同步轨道，它是一个圆轨道，其高度——对圆轨道来说这高度既是近地点高度也是远地点高度——约为 35 800 千米。利用这一轨道，我们立刻可以知道"嫦娥一号"的椭圆停泊轨道的近地点高度与远地点高度之和为 35 800×2=71 600 千米，从而远地点高度约为 71 600-600=71 000 千米（媒体公布的数据为 71 600 千米，与估算相差 0.8%）。

"嫦娥一号"在 24 小时轨道上运行三周后经由第二次近地点变轨进入了一个周期为 48 小时的大椭圆轨道。这个新轨道的远地点高度又是多少呢？我们也来估算一下。由于新轨道的周期是旧轨道的 2 倍，因此周期的平方是旧轨道的 4 倍。按照开普勒第三定律，新轨道长轴长度的三次方也应该是旧轨道的 4 倍，从而长轴长度本身应为旧轨道的 $4^{1/3} \approx 1.587$ 倍。由于旧轨道的长轴长度是前面提到的近地点和远地点高度之和（71 600 千米）加上地球的直径（约为 12 750 千米），即 84 350 千米，因此新轨道的长轴长度为 84 350×1.587≈133 860 千米。扣除地球直径后，我们就可以得到新轨道的近地点和远地点高度之和约为 133 860-12 750=121 110 千米。由于近地点的高度在近地点变轨中基本不变[①]，仍为 600 千米，因此新轨道的远地点高度约为 121 110-600=120 510 千米（媒体公布的数据为 119 800 千米，与估算相差 0.6%），这一远地点高度创下了中国航天史上的新纪录——当然这或许也是最短命的纪录，因为它立刻就被下一次变轨所打破。

---

① 这并不是完全平凡的结果，而是平反反比引力场的特殊性质——有界轨道必定闭合——的推论。不过为了使这一结果成立，变轨过程必须足够迅速，否则新轨道的近地点高度及轨道取向都会有一定幅度的改变。在实际的精密轨道计算中这种改变是必须考虑的，但对于我们的粗略验证来说，它可以被忽略。

沿 48 小时轨道运行一周后，"嫦娥一号"于北京时间 10 月 31 日 17 时 15 分开始了第三次近地点变轨。经过这次变轨，"嫦娥一号"终于进入了地月转移轨道，如它动人的神话先辈那样，往月球的怀抱扑去。这一次变轨后的轨道近地点高度仍为 600 千米（只不过这一次它再也不会飞回近地点了），远地点则延伸到了月球轨道附近（这是当月球俘虏所必需的）。我们来估算一下，"嫦娥一号"在进入环月轨道前在这个地月转移轨道上需要飞行多久。由于地月转移轨道的长轴约为月球轨道长轴（即直径）的一半，按照开普勒定律，该轨道的周期应为月球公转周期（约为 27.3 天[①]）的 $1/\sqrt{8}$，即 231 小时。由于"嫦娥一号"只需在这个轨道上运行半周（即从近地点飞到远地点），因此它的飞行时间约为轨道周期的一半，即约 115 小时（媒体公布的数据为 114 小时，与估算相差 0.9%）[②]。

类似地，我们也可以对"嫦娥一号"三次近月点变轨——由于都是减速过程，因此也叫作近月点制动——后的轨道参数进行估算，为避免雷同，本文就不细述了，感兴趣的读者可以自己试试，并与媒体公布的数据进行对比[③]。

2007 年 11 月 7 日写于纽约

[①] 读者们也许会对月球公转周期如此显著地小于一个"月"感到意外。对于历法来说，一个更常用的"月"是所谓的朔望月，它是月相的周期。由于月相与地球太阳的相对位置有关，而在一个"月"里地球绕太阳转过的角度颇为可观，因此朔望月与月球公转周期有着不小的差别，它约为 29.5 天（感兴趣的读者可以推导一下这个数值）。

[②] 这一估算虽然从数值上看精度还可以，但实际上要比前两次估算粗略得多。因为它忽略了地球直径和近地点高度，也忽略了远地点高度（约为 40.5 万千米）与月球轨道半径（约为 38.4 万千米）的差别（这一差别部分地被无须完全飞至远地点这一事实所抵消），以及"嫦娥一号"在接近月球时所受月球引力的影响等诸多因素。

[③] 细心的读者也许注意到了，在上面的讨论中我们曾以地球同步轨道作为参照，以避免涉及开普勒第三定律中的比例系数（在卫星质量可以忽略的情况下，该系数只与万有引力常数及中心天体的质量有关）。同样的，对于绕月轨道，我们也需要一个参照轨道，以避免涉及比例系数的具体数值。感兴趣的读者请利用地球质量为月球质量的 81 倍，以及比例系数反比于中心天体质量这两条信息来寻找一个参照轨道。

12 宇宙学常数、超对称及膜宇宙论

我们来讲述现代宇宙学中的一个"新瓶装旧酒"的小故事。故事中的"新瓶"是因超弦理论而兴起的一种新的宇宙学理论，称为膜宇宙论（brane cosmology），只有短短几年的历史，不可谓不新；而"旧酒"则是与现代宇宙学的第一篇论文同时诞生的宇宙学常数，已经"窖藏"了近百年（期间被零星出土过几次），不可谓不旧。以前本站介绍的大都是科学界较为主流的观点，这次的故事却只是一个"少数派报告"（minority report）。但是在这个故事中，现代物理的几条线索以一种令人赞叹的美丽方式交织在一起，闪现出了一朵小小的智慧火花。这朵小小的火花将一闪而逝还是会点燃一片辽阔的夜空，我们还不得而知。

12.1 宇宙学项与宇宙学常数

让我们把时间推回到 1917 年，那是现代宇宙学诞生的年代，也是我们那坛"旧酒"酿造的年代。那一年爱因斯坦发表了一篇题为《基于广义相对论的宇宙学考察》的论文，研究宇宙的时空结构。在那篇文章中，爱因斯坦第一次将广义相对论运用到了宇宙学中，为现代宇宙学奠定了理论框架。但是爱因斯坦的研究却有一个先天的不足，那就是观测数据的严重匮乏，特别是当时距哈勃发现宇宙膨胀还差整整 12 个年头。那时大多数天文学家心目中的宇宙在大尺度上是静态的，爱因斯坦试图构造的也是一个静态的宇宙模型。

不幸的是，这样的模型与广义相对论却是不相容的。这一点从物理上讲很容易理解，因为普通物质间的引力是一种纯粹的相互吸引，而在纯粹相互吸引的作用下物质分布是不可能处于静态平衡的。为了维护整个宇宙的"宁静"，爱因斯坦不得不忍痛对自己心爱的广义相对论场方程作了修改，增添了一个所谓的"宇宙学项"：

$$G_{\mu\nu} = 8\pi G T_{\mu\nu} + \Lambda g_{\mu\nu}$$

式中左边的 $G_{\mu\nu}$ 是爱因斯坦张量，描述时空的几何性质，右边的 $T_{\mu\nu}$ 是物质场的能量动量张量，这两项构成了原有的广义相对论场方程（我们取了光速 $c=1$ 的单位制）。最后一项 $\Lambda g_{\mu\nu}$ 就是新增的宇宙学项，其中的常数 Λ 被称为宇宙学常数。如果宇宙学常数为零，则场方程退化为原有的广义相对论场方程。

现代宇宙学中的一种常用的做法，是将宇宙学项并入能量动量张量，这相当于引进一种能量密度为 $\rho_\Lambda = \Lambda/8\pi G$，压强为 $p_\Lambda = -\Lambda/8\pi G$ 的能量动量分布。这是一种十分奇特的能量动量分布，因为在广义相对论中，当能量密度与压强之间满足 $\rho+3p<0$ 时，能量动量分布所产生的"引力"实际上具有排斥作用。因此在一个宇宙学常数 $\Lambda>0$ 的宇宙模型中存在一种排斥作用。利用这种排斥作用与普通物质间的引力相抗衡，爱因斯坦如愿构造出了一个静态的宇宙模型，其宇宙半径为 $R=\Lambda^{-1/2}$。

虽说静态宇宙模型的构造是如愿了，但爱因斯坦对所付出的代价有些耿耿于怀，他在那年给好友保罗·艾伦菲斯特（Paul Ehrenfest）的信中表示，对广义相对论作这样的修改"有被送进疯人院的危险"。几年后，在给赫尔曼·外尔（Hermann Weyl）的一张明信片中他又写道："如果宇宙不是准静态的，那就不需要宇宙学项。"

那么，我们的宇宙究竟是不是准静态——大尺度上静态——的呢？

答案很快就有了。距离爱因斯坦给外尔的明信片又隔了几年，1929年，美国威尔逊天文台（Mount Wilson Observatory）的天文学家爱德文·哈勃（Edwin Hubble）研究了遥远星系的红移与距离之间的相互关联，结果发现那些星系正系统性地远离我们而去，其远离的速率与它们跟我们的距离成正比（比例系数被称为哈勃常数），这便是著名的哈勃定律。哈勃定律的发现表明我们的宇宙在大尺度上不是静态的，从而爱因斯坦引进宇宙学项的原始动机不再成立。爱因斯坦兑现了他对外尔说过的话，于1931年发表文章放弃了宇宙学项。爱因斯坦的静态宇宙模型虽被观测否定了，但顺带着把宇宙学项从广义相对论中驱逐出去，对爱因斯坦或许也不无安慰。

可天下事难以尽如人愿，爱因斯坦虽不想再看到宇宙学项，但宇宙学项这个潘多拉盒子既已打开，它的命运就非一人所能主宰，即便爱因斯坦本人也无法将它彻底关上了。由于当时对哈勃常数的测定结果所给出的宇宙年龄仅为 20 亿年，比地球的年龄还小得多，而宇宙学项的存在可以修正哈勃常数与宇宙年龄之间的关系，因此一些天文学家——比如乔治斯·勒梅特（Georges Lemaître）——仍然坚持采用宇宙学项，以解决宇宙年龄问题。后来宇宙学项还被赫尔曼·邦迪（Hermann Bondi）、弗莱德·霍伊尔（Fred Hoyle）等人用于构筑目前已被放弃的稳恒态宇宙模型（steady state model）。

不过随着观测精度的改善，到了 20 世纪 50 年代，对哈勃常数的测定所给出的宇宙年龄与天体年龄之间的矛盾已大为缓和，"待价而沽"的宇宙学项随之急剧贬值。此后的一段时间内，宇宙学项如幽灵般地游走于观测与理论的边缘，两者一出现矛盾就被请出（即认为 $\Lambda \neq 0$），矛盾一消失（通常由于观测精度的改善），则立刻又遭遗弃（即认为 $\Lambda = 0$）。如此招之即来，挥之即去，地位甚是"凄凉"。宇宙学常数在零与非零之间的这种飘忽不定，在很大程度上要归因于宇宙学观测所存在的巨大误差。这种误差使得很长一段时间内，人们对宇宙学常数的取舍往往只能建立在错误或不充分的依据之上。

但常言道：是金子，总有发光的一天。宇宙学最近几年的发展又一次将宇宙学项请到了前台，引用乔治·伽莫夫（George Gamow）自传《我的世界线》（*My World Line*）中的一句旧话来说就是："Λ 又一次昂起了丑陋的脑袋。"

只不过这一次它的脑袋昂得如此之高，也许再也没有人能将它按到台下去了。

12.2 暗物质

如前所述，一个非零的宇宙学常数代表了宇宙物质的一种十分奇特的组成部分[①]。因此在下面的两部分中我们先来简单回顾一下天文学家们对宇宙物质组成的

---

① 这里及若干类似文句中"物质"一词均泛指能量动量分布，读者可从上下文中分辨具体含义。

研究。我们将会看到，最新的观测和理论为什么要求宇宙物质中有这样一种奇特的组成部分。

宇宙中最显而易见的组成部分当然是天空中那些晶莹闪烁的星星以及美丽多姿的星云星系等，在宇宙学上这些被统称为可见物质。在过去，人们曾经很自然地把可见物质作为宇宙物质的主要组成部分。但是到了近代，尤其是 20 世纪 80 年代，这种观点却遭到了来自观测和理论的双重挑战。

在观测上，人们发现宇宙中的某些大尺度运动学现象——比如星系旋转速率的分布——无法用可见物质之间的相互引力得到解释。换句话说，为了解释那些大尺度运动学现象，必须假定宇宙中除了可见物质外，还存在某种不可见的物质，这种物质被形象地称为暗物质（dark matter）。定量的研究还表明，这些暗物质的存在绝不是点缀性的，它们对宇宙物质的贡献要比可见物质还大一个数量级左右。

对暗物质的另一类支持来自于对宇宙动力学的研究。现代宇宙学假定宇宙在大尺度上是均匀及各向同性的——这被称为宇宙学原理（cosmological principle），在这一基本假定下，宇宙的几何结构由所谓的罗伯逊 - 沃尔克（Robertson-Walker）度规描述。根据宇宙物质密度的不同，由罗伯逊 - 沃尔克度规描述的宇宙有三种基本类型：如果宇宙中的物质密度大于某个临界密度 ρ_c（其数值为 $3H_0^2/8\pi G$，其中 H_0 为当前的哈勃常数——在宇宙学中，下标 0 通常表示一个量的当前值），则宇宙的空间曲率为正，这样的宇宙是封闭的；如果宇宙中的物质密度等于临界密度，则宇宙的空间曲率为零，这样的宇宙是开放的；如果宇宙中的物质密度小于临界密度，则宇宙的空间曲率为负，这样的宇宙也是开放的。宇宙学上通常用 Ω 表示宇宙物质密度与临界密度之比，因此上述三种情形分别对应于 $\Omega>1$、$\Omega=1$ 及 $\Omega<1$。

那么这三种情形究竟哪一种适合于我们的宇宙呢？这原本是一个应该交由观测来裁决的问题，但科学家们却从对宇宙动力学的理论研究中发现了一条重要思路。具体地说，科学家们发现 Ω 满足这样一个关系式（再重复一遍，下标 0 表示当前值）：

$$\frac{\Omega-1}{\Omega_0-1}=\left(\frac{R}{R_0}\right)^{\alpha}$$

其中 R 为描述宇宙线度的物理量，α 是一个取值为正的指数，其数值取决于宇宙中是辐射还是物质占主导，假如辐射占主导（这是宇宙早期的情形），则 $\alpha=2$；假如物质占主导（这是当前的情形），则 $\alpha=1$[①]。从这一关系式可以看到，宇宙尺度越小 Ω 与 1 就越接近。

另一方面，虽然我们对于 Ω 的了解还很不精确，却足以确定其当前值——Ω_0——的数量级为 1。由于今天宇宙的尺度达 10^{26} 米，由此科学家们推算出在宇宙的极早期，当它的尺度约为 10^{-35} 米——所谓的普朗克长度——时，$\Omega-1$ 约为 10^{-60} 甚至更小，也就是说宇宙极早期的 Ω 约为

1.000000000000000000000000000000000000000000000000000000000001

虽然谁也不能说大自然就一定不会采用这样一个极度接近于 1 却又偏偏不等于 1 的数值，但是当一个计算结果出现这样一种数值时，我们显然有理由要求一个合理的解释。也就是说，我们需要有一个理论来解释，为什么在宇宙的初始条件中会出现一个如此接近于 1 的 Ω，或者说为什么宇宙的初始空间曲率会如此地接近于零——这在宇宙学上被称为平直性问题（flatness problem）。

20 世纪 80 年代初，这样的一个理论由阿兰·古斯（Alan Guth）和安德烈·林德（Andrei Linde）等人所提出，被称为暴胀宇宙论（inflationary cosmology）。暴胀宇宙论如今已是标准宇宙学的重要组成部分[②]。暴胀宇宙论不仅解释了宇宙早期 Ω 与 1 之间异乎寻常的接近，还进一步预言今天的 Ω（即 Ω_0）也非常接近于 1。按照前面所说，$\Omega=1$ 表明宇宙的物质密度等于临界密度。因此暴胀宇宙论对 Ω_0 的预言也可以表述为目前宇宙的物质密度非常接近临界密度。

但即便考虑到对宇宙物质密度及临界密度的观测都存在很大的误差，我们观测到的可见物质的密度也远远达不到临界密度，两者的差距在一到两个数量级之

---

① 假如辐射和物质都不占主导地位，或宇宙学常数的影响不可忽视，则这一简单的指数规律并不成立。但这并不妨碍我们用它来对 $\Omega-1$ 在宇宙早期的数值做上界估计。

② 顺便提一下，暴胀宇宙论本身与宇宙学常数也大有渊源；此外，暴胀宇宙论所能解决的也远不止是平直性问题。这些在本文中就不展开讨论了。

间。暗物质很自然地被用来填补这一差距。

因此在 20 世纪 80 年代左右，无论观测还是理论都倾向于认为，宇宙的主人不是天空中那些充满诗情画意的星座，而是一些看不见摸不着的神秘来宾——暗物质。至于暗物质究竟是由什么组成的，天文学家们众说纷纭。有人认为是有质量的中微子，有人认为是目前尚未观测到的超对称粒子，也有人认为是不发光的普通物质，甚至可能是大量的黑洞，等等。无论具体的猜测是什么，有一个看法是比较一致的，那就是暗物质的能量动量性质——从而其引力效应——与普通物质是一样的，这一点在暗物质的探测中扮演着重要作用。

12.3 暗能量

但是随着研究的深入，人们渐渐发现引进暗物质虽可以解释诸如星系旋转速率分布之类的观测现象，同时也有种种迹象表明，尽管暗物质的数量远远多于可见物质，却仍不足以使宇宙的物质密度达到临界密度。换句话说，如果我们相信暴胀宇宙论的预言，即宇宙当前的物质密度非常接近于临界密度（$\Omega_0 \approx 1$）的话，那么宇宙中除了可见物质与暗物质之外还必须有一些别的东西！由于对暗物质的探测假定了其能量动量性质与普通物质相同，因此在这种探测中漏网的"别的东西"具有与普通物质不同的能量动量性质。

这种"别的东西"存在的另一个理由来自对宇宙年龄的推算。由于暗物质与可见物质产生引力的规律相同，简单的计算表明，在一个 $\Omega = 1$ 的宇宙中若物质全部由可见物质与暗物质构成，则宇宙年龄与哈勃常数的关系为

$$t_0 = \frac{2}{3H_0}$$

目前对哈勃常数 H_0 的最新测量结果是 $H_0 = (0.73 \pm 0.05) \times 100$ 千米·秒 $^{-1}$·百万秒差距 $^{-1}$，由此推算出的宇宙年龄为 90 亿 ~100 亿年。这一数字虽比哈勃当年 20 亿年的尴尬结果体面一些，但由于误差之小让人失却了回旋退让的余地，与天体年

龄之间的实际矛盾反而变得更为尖锐了[1]。无奈之下，天文学家们又想起了爱因斯坦窖藏的那坛"旧酒"。于是宇宙学的历史又轮回到了 20 世纪的上半叶，宇宙学常数被重新请回舞台，来解决宇宙年龄问题。只不过大半个世纪后的今天，宇宙学的观测精度已非昔日可比，因此这次我们不仅把宇宙学常数请了回来，还可以替它"量身裁衣"，让它在台上真正亮丽地登场了。

引进了宇宙学常数后，宇宙年龄与哈勃常数的关系式被修正为（假定 $\Omega=1$，且宇宙学常数为正）：

$$t_0 = \frac{2}{3H_0\Omega_\Lambda^{1/2}} \ln\left[\frac{1+\Omega_\Lambda^{1/2}}{(1-\Omega_\Lambda)^{1/2}}\right]$$

其中 Ω_Λ 是宇宙学项对 Ω 的贡献（$\Omega_\Lambda \equiv \rho_\Lambda/\rho_c = \Lambda/3H_0^2$）。不难看到，假如 Ω_Λ 趋于 0（即没有宇宙学项），上述公式便退化为 $t_0=(2/3)H_0^{-1}$，但假如 Ω_Λ 趋于 1（即宇宙学项是唯一的物质分布），它所给出的宇宙年龄趋于无穷，因此这一公式具有拟合任意大于 $(2/3)H_0^{-1}$ 的宇宙年龄的能力。

那么宇宙年龄究竟有多大呢？对宇宙元素合成及天体年龄等方面的综合研究表明它在 130 亿~140 亿年之间，由此对应的 Ω_Λ 大约为 0.7。

$\Omega_\Lambda \approx 0.7$ 这一结果也被其他一些独立的观测研究——比如对超新星的观测及对宇宙微波背景辐射的细致研究——所证实。这些高精度的观测与分析同时也对暴胀宇宙论的理论预言 $\Omega\approx1$ 提供了有力支持，目前对 Ω 的最佳观测结果为 $\Omega=1.02 \pm 0.02$。

因此从迄今最为精密的观测结果来看，我们宇宙的真正主人既不是可见物质，也不是暗物质，而是沉浮了大半个世纪、被爱因斯坦称为自己一生所犯最大错误的宇宙学常数[2]。这真是"三十年河东，三十年河西"，宇宙学常数笑得最晚，却

---

[1] 有关这一矛盾，若干年前我在哥伦比亚大学物理系听一个题为"最古老的恒星"（The Oldest Stars）的学术报告时，天体物理学家马尔文·鲁德曼（Malvin Ruderman）曾作过一个很幽默的表述。他在引介报告人时表示，最近天文学上的一个很重要的发现是"最古老的恒星比宇宙更古老"（the oldest stars are older than the universe）。

[2] 这一流传甚广的说法出自伽莫夫自传《我的世界线》中的回忆，爱因斯坦本人并未为此留下文字记录。

笑得最为灿烂。

天文学家们把由宇宙学常数描述的能量称为暗能量（dark energy）——如上所述，它约占目前宇宙能量密度的70%。

从可见物质到暗物质，又从暗物质到暗能量，人类在探索宇宙之路上走出的这一串长长的足印也是现代宇宙学发展的一个缩影。宇宙学常数及暗能量的存在解释了许多观测现象，却也提出了一系列棘手的问题：宇宙学常数的物理起源何在？它为什么取今天这样的数值？占目前宇宙能量密度70%的暗能量究竟又是由什么组成的？

关于这些问题，我们将在接下来的各节中加以讨论。

12.4　零点能

在12.3节中我们讲到，最新的天文观测表明宇宙中约有70%的能量密度是由所谓的暗能量组成的。在广义相对论中，描述这种暗能量的是由爱因斯坦提出，却又令他后悔、被他放弃的宇宙学项。

需要说明的是，虽被爱因斯坦本人所不喜，但宇宙学项在广义相对论中的出现其实并不是一件很牵强的事情。在广义相对论中与牛顿引力理论中的引力势相对应的是时空的度规张量，如果我们假定广义相对论的引力场方程（张量方程）与牛顿引力理论中的泊松方程一样为二阶方程，并且关于二阶导数呈线性，那么在满足能量动量守恒的条件下，场方程的普遍形式正好就是带宇宙学项的广义相对论场方程[①]。因此宇宙学项在广义相对论的数学框架中是有一席之地的，它最终的脱颖而出正好应了一句老话：天生我材必有用。

宇宙学项的存在表明即便不存在任何普通物质（即 $T_{\mu\nu}=0$），宇宙中仍存在由宇宙学常数所描述的能量密度。在物理学中人们把不存在任何普通物质的状态称

---

① 假如我们对广义相对论场方程的形式作更严格的限定，即限定它不仅与泊松方程一样为二阶方程，而且与后者一样只含二阶导数，或者限定其弱场近似严格等同于泊松方程，则宇宙学项将不会出现。但在推广一个理论时是否有必要如此严格地模仿旧理论的结构是大可商榷的。

为真空，从这个意义上讲宇宙学常数描述的是真空本身的能量密度，暗能量则是真空本身所具有的能量。

但是号称一无所有的真空为什么会有能量呢？

这个问题是不该由广义相对论来回答的，因为广义相对论描述的是能量动量分布与时空结构之间的关系，至于能量动量分布本身的起源与结构，则是物理学的其他领域——比如电磁理论、流体力学等——的任务。因此，为了回答这一问题，我们先把爱因斯坦发动的这场直捣物理世界中最大研究对象——宇宙——的人只影单的"斩首行动"搁下，到 20 世纪上半叶物理学的另一个著名战场——量子战场——去看看。那里的情况与宇宙学战场正好相反，研究的是物理世界中最小的对象——微观粒子，战况却热闹非凡，简直是将星云集，就连在宇宙学战场上孤胆杀敌、勇开第一枪的爱因斯坦本人也在这里频频露面。不用说，这一番大兵团作战所获的战利品是丰厚的，我们所寻找的有关暗能量物理起源的蛛丝马迹也混杂在了那些来自微观世界的琳琅满目的战利品中。

它就是微观世界中的零点能（zero point energy）。

依照我们对微观世界的了解，组成宏观世界的普通物质——广义相对论中由 $T_{\mu\nu}$ 描述的物质——都是由基本粒子构成的，而这些基本粒子则是一些被称为量子场的量子体系的激发态。当所有激发态都不存在时，量子场的能量处于最低。量子场的这种能量最低的状态被称为基态，它对应的是宏观世界中不存在任何普通物质——$T_{\mu\nu}=0$——的状态，也就是我们通常所说的真空。微观世界的一个奥妙之处，就在于当一个量子场处于基态时，它的能量并不为零。这种非零的基态能量被称为零点能，它也正是真空本身的能量。更妙的是，这种真空本身所具有的零点能正好具备我们前面所说的暗能量的特点，因为它的能量动量张量正好可以用宇宙学项来描述。

物理学就像一条首尾相接的巨龙，宇宙之大与粒子之小探求到最后竟然交汇到了一起，实在很令人振奋。可惜好景不长，物理学家们计算了一下由零点能给出的宇宙学常数的数值，结果却大失所望。假如普通量子场论适用的能量上限为 M（或等价地，距离下限为 $1/M$），则计算表明，在这一适用范围内量子场的零点

能密度大约为（这里我们采用了光速与普朗克常数都为 1 的单位制）

$$\rho \sim M^4$$

由此对应的宇宙学常数约为

$$\Lambda \sim G\rho \sim \frac{M^4}{M_p^2}$$

其中 M_p 为普朗克能量（约为 10^{28} 电子伏，即 10^{19}GeV）。

　　另一方面，由宇宙学观测所得的宇宙学常数为 $\Lambda \sim R^{-2} \sim 10^{-52}$ 每平方米[①]。为了让两者相一致，量子场论所适用的能量上限 M 必须在 10^{-3} 电子伏（即 meV）的量级。这无疑是荒谬的，因为我们知道，氢原子的能级在 eV（电子伏）量级，原子核的能级在 10^6 电子伏（即 MeV）量级，电弱统一的能区在 10^{11} 电子伏（即 10^2GeV）量级……量子场论在所有这些能区都得到了大量的实验验证，因此其适用的能量范围显然远远地超出了 10^{-3} 电子伏（meV）的量级。

　　此外，由于 $\Lambda \sim R^{-2}$，我们还可以反过来由零点能推算出宇宙半径，即

$$R \sim \Lambda^{-1/2} \sim \frac{M_p}{M^2}$$

这一结果表明量子场论所适用的能量 M 越高，由零点能反推出的宇宙学常数就越大，相应的宇宙半径则越小。据说泡利曾做过那样的推算，他假定量子场论所适用的距离下限为电子的经典半径（相当于 $M \sim 10^8$ 电子伏），结果发觉宇宙半径竟比地球到月球的距离还小得多（对物理学中能量与距离的换算比较熟悉的读者可以用上文介绍的推算方法验证一下泡利的结果）。如上所述，量子场论适用的能量范围显然要比泡利所假定的还高得多，许多物理学家甚至认为它可以一直延伸到量子引力效应起作用为止——也就是普朗克能量。若果真如此，则 $M \sim M_p$，由此所得的宇宙学常数比观测结果大出 120 个数量级以上！相应的宇宙半径则在普朗克长度（约为 10^{-35} 米）的量级。

－－－－－－－－－

① 细心的读者也许注意到了，$\Lambda \sim R^{-2}$ 正是第 12.1 节中提到的爱因斯坦静态宇宙模型中宇宙半径与宇宙学常数之间的关系式（只不过"="变成了表示数量级关系的"~"）。这不是偶然的，因为这一近似关系式适用于所有宇宙学常数为正，且其贡献与普通物质可以比拟的宇宙模型。

这样荒谬的结果表明量子世界的零点能虽在概念上支持宇宙学常数，在具体数值上却与观测南辕北辙。这一结果使得人们在很长一段时间内对零点能的引力效应——它对宇宙学常数的贡献——不得不采取"睁一眼闭一眼"的态度，或者干脆予以否定。比如刚才提到过的泡利就怀疑零点能对宇宙学常数的贡献（也难怪，谁愿意生活在一个比地月系统还小的宇宙中呢），后来苏联物理学家雅可夫·泽尔多维奇（Yakov Zel'dovich）等人提出零点能的最低阶效应——我们上面的计算——对宇宙学常数没有贡献，真正的贡献只能来自跟引力有关的高阶效应。这些消极否定的观点就算不是"事后诸葛"，起码也有点"狐狸吃不到葡萄就认为葡萄是酸的"的意味。零点能的一些物理效应——比如卡西米尔效应（Casmir effect）——已被实验证实，单单否定其——或其最低阶效应——对宇宙学常数的贡献并不能够令人信服，而且泽尔多维奇基于高阶效应所做的计算同样与实验大相径庭（虽然程度比最低阶效应要轻微些）。因此零点能初看起来给了人们一点揭开宇宙学常数之谜的希望，这点希望却很快就像肥皂泡一样破灭了——不仅破灭了，反而产生了尖锐的矛盾。

除零点能外，量子场论中还有一些其他效应会对真空的能量密度产生贡献，比如粒子物理标准模型中的希格斯势，量子色动力学（QCD）中的手征凝聚（chiral condensation）等[1]，这些贡献与实验结果的比较也有几十个数量级的出入，同样令人失望。

很明显，在这些来自微观世界的有关宇宙学常数物理起源的线索中还缺了些东西。

缺了的究竟是什么呢？

---

[1] 从这个意义上讲，本节的标题换成"真空能"要比"零点能"更准确，因为零点能只是真空能的一部分。不过后面我们会看到，（依照本文所介绍的理论）零点能扮演的角色才是真正关键的，因此我们以它为标题。

12.5 超对称

宇宙学常数与量子场论的零点能之间所存在的尖锐矛盾，早年曾引起过包括玻尔、海森堡和泡利在内的许多著名物理学家的注意，不过在总体上并未对物理学界造成太大的困扰。这一来是因为物理学家们很清楚自己对许多东西还知道得太少，许多问题——尤其是将量子与引力联系在一起的问题——的解决时机还未成熟。二来也是因为在很长一段时间里宇宙学常数本身的名分——如我们在前文中所述——还不怎么正，所谓"名不正则言不顺"，大家也就没把它太当回事。时间过去了几十年，到了 20 世纪 70 年代，情况发生了一些变化，一种新的对称性——超对称——在物理学中诞生了。

我们知道，基本粒子按照自旋的不同可分为两大类：自旋为整数的粒子被称为玻色子（boson），自旋为半整数的粒子被称为费米子（fermion）。这两类粒子的基本性质截然不同，然而超对称却可以将这两类粒子联系起来——而且是能做到这一点的唯一的对称性。对超对称的研究起源于 20 世纪 70 年代初期，当时 P. 雷蒙德（P. Ramond）、A. 内维尤（A. Neveu）、J. H. 施瓦茨（J. H. Schwarz）、J. 贾维斯（J. Gervais）、B. 塞基塔（B. Sakita）等人在弦模型（后来演化成超弦理论）中、Y. A. 盖尔芳特（Y. A. Gol'fand）与 E. P. 李克特曼（E. P. Likhtman）在数学物理中，分别提出了带有超对称色彩的简单模型。1974 年，J. 外斯（J. Wess）和 B. 朱米诺（B. Zumino）将超对称运用到了四维时空中，这一年通常被视为超对称诞生的年份[①]。

在超对称理论中，每种基本粒子都有一种被称为超对称伙伴（superpartner）的粒子与之匹配，超对称伙伴的自旋与原粒子相差 1/2（也就是说玻色子的超对称伙伴是费米子，费米子的超对称伙伴是玻色子），两者质量相同，各种耦合常数间也有着十分明确的关联。超对称自提出到现在已经几十年了，在实验上却不

---

① 值得注意的是，盖尔芳特及李克特曼的工作其实已经将超对称运用到了四维时空中，且比外斯和朱米诺的工作早了三年，可惜这一工作就像苏联的其他许多开创性工作一样，鲜为西方世界所知，从而只落得个"此情可待成追忆"。

仅始终未能观测到任何一种已知粒子的超对称伙伴，甚至于连确凿的间接证据也没能找到。但即便如此，超对称在理论上的非凡魅力仍使得它在理论物理中的地位有增无减。今天几乎在物理学的所有前沿领域中都可以看到超对称的踪影。一个具体的理论观念，在完全没有实验支持的情况下生存了几十年，而且生长得枝繁叶茂、花团锦簇，这在理论物理中是不多见的。它一旦被实验证实所将引起的轰动是不言而喻的——或者用史蒂文·温伯格（Steven Weinberg，电弱统一理论的提出者之一）的话说，将是"纯理论洞察力的震撼性成就"。当然反过来，它若不幸被否证，其骨牌效应也将是灾难性的，理论物理的很多领域都将哀鸿遍野。

超对称在理论上之所以有非凡魅力，其源泉之一乃是在于玻色子与费米子在物理性质上的互补。在一个超对称理论中，这种互补性可以被巧妙地用来解决高能物理中的一些棘手问题。比如标准模型中著名的等级问题（hierarchy problem），即为什么在电弱统一能标与大统一或普朗克能标之间有高达十几个数量级的差别[①]？超对称在理论上的另一个美妙的性质是普通量子场论中大量的发散结果在超对称理论中可以被超对称伙伴的贡献所消去，因而超对称理论具有十分优越的重整化性质。

关于超对称的另一个非常值得一提的特点是，它虽然没有实验证据，却有一个来自大统一理论（GUT）的"理论证据"。长期以来物理学家们一直相信在很高的能量（即大统一能标，为 $10^{15}\sim10^{16}$ GeV）下，微观世界的基本相互作用——强相互作用、弱相互作用和电磁相互作用——可以被统一在一个单一的规范群下，这样的理论被称为大统一理论。大统一理论成立的一个前提是强相互作用、弱相互作用和电磁相互作用的耦合常数在大统一能标上彼此相等，这一点在理论上是可以核验的。但核验的结果却令人沮丧：在标准模型框架内，上述耦合常数在任何能标上都不会彼此相等。这表明标准模型与大统一理论的要求是不相容的，这

---

① 这一点之所以成为问题，是因为在标准模型中希格斯粒子质量平方的重整化修正是平方发散而非对数发散的，这种情形下希格斯场——以及由希格斯场所确定的其他粒子——的"自然"能标应该由大统一或普朗克能标所确定，而非比后者低十几个数量级的实验观测值。不过需要提醒读者的是，这一类的问题是所谓的"自然性"问题（naturalness problem），是现有理论显得不够自然的地方，而不是像实验反例那样无法解决的"硬伤"。

对大统一理论是一个沉重打击，也是对物理学家们追求统一的信念的沉重打击。超对称的介入给大统一理论提供了新的希望，因为计算表明，在对标准模型进行超对称化后，那些耦合常数可以在高能下非常漂亮地汇聚到一起。这一点不仅给大统一理论提供了希望，也反过来增强了物理学家们对超对称的信心——虽然它只是一个理论证据，而且还得加上引号，因为这一"理论证据"说到底只是建立在物理学家们对大统一的信念之上才成之为证据的。

超对称理论的出现极大地改变了理论物理的景观，也给宇宙学常数问题的解决带来了新的希望。

这一线希望在于玻色子与费米子的零点能正是两者物理性质互补的一个例子，因为玻色子的零点能是正的，费米子的零点能却是负的。当然，这一点在标准模型中也成立，只不过标准模型中的玻色子与费米子参数迥异，自由度数也不同，因此这种互补性并不能对零点能的计算起到有效的互消作用。但超对称理论中的玻色子与费米子的参数及自由度数都是严格对称的，因此两者的零点能将会严格互消——而且非独零点能如此，其他对真空能量有贡献的效应也都如此。事实上，在严格的超对称理论中可以证明真空的能量密度——从而宇宙学常数——为零。

假如时间退回到十几年前（那时还没有宇宙学常数不为零的确凿证据），宇宙学常数为零不失为一个令人满意的结果，可惜时过境迁，现在我们对这一结果却是双重的不满意。因为我们现在认为宇宙学常数并不为零，因此对宇宙学常数为零的结果已不再满意。另一方面，实验物理学家们辛辛苦苦做了许多年的实验，试图发现超对称粒子（顺便拿下诺贝尔奖），结果却一个也没找到，因此现实世界根本就不是超对称的，从而我们对以严格的超对称理论为基础的证明本身也并不满意（这后一个不满意放在十几年前也成立）。

读者可能会奇怪，既然实验不仅未能证实，反而已经否定了超对称，物理学家们为什么还要研究超对称？而且还研究得有滋有味、乐此不疲？那是因为物理学上有许多对称性破缺机制可以协调这一"矛盾"，一种对称性可以在高能下存在，却在低能下破缺。标准模型本身——确切地说是其中的电弱统一理论——便是运用对称性破缺机制的一个精彩范例。物理学家们心中的超对称也一样，严格的超对称只存在于足够高的能量下，低能区的超对称是破缺的。因此前面关于宇宙学常数为零的证明必须针对超对称的破缺而加以修正。可惜的是，这一修正之下原先的双重不满意虽然可以消除，原先受严格的超对称管束而销声匿迹的种种"不良"效应却也通通卷土重来。宇宙学常数虽可以不再为零，却又被大大地矫枉过正，可谓是"前门拒虎，后门进狼"。

那么考虑到超对称破缺后的宇宙学常数究竟有多大呢？这取决于超对称在什么能量上破缺，目前的看法是对标准模型来说超对称的破缺应该发生在 10^{12} 电子伏（即 TeV）能区。这相当于在前面提到的零点能密度的计算中令 $M \sim$ TeV（因为虽然量子场论本身的适用范围远远高于 TeV，但 TeV 以上的零点能被超对称消去了），由此所得的宇宙学常数约为 $\rho \sim (\mathrm{TeV})^4 / M_p^2$。这一结果比观测值大了约 60 个数量级（由此对应的宇宙半径在毫米量级），比不考虑超对称时的 120 个数量级略微好些，却也不过是"五十步笑百步"而已，两者显然同属物理学上最糟糕的理论拟合之列。

连锐气逼人的超对称都败下阵来了，我们还有希望吗？后文将做进一步讨论。

12.6 膜宇宙论

在前几节中，我们介绍了宇宙学常数问题的由来及运用传统量子场论解决这一问题所面临的困难。这一困难随着天文学家们对宇宙学常数的测定——从而使后者的地位得以确立——而变得尖锐起来。我们甚至看到连 20 世纪 70 年代出现的超对称也在初试锋芒后，黯然败下阵来。不过严格讲，说超对称败下阵来是不确切的。因为超对称的观念已渗透到了现代物理的许多领域中，让一些原本平庸的理论脱胎换骨。这种渗透之有效，有时候简直到了点石成金、化腐朽为神奇的程度。超对称本身的神通也因为这种渗透而得到了延伸。我们上文介绍的超对称计算只是在最简单的层面上使用超对称，或者说至多不过是对标准模型进行超对称化的结果，那样的结果只是超对称应用天地中一个很小的部分。在所有因超对称而脱胎换骨的理论中最值得一提的是一个非常宏大的理论——超弦理论

（superstring theory）。超弦理论不仅值得一提，而且还非提不可，因为在某些物理学家眼里，超弦理论乃是物理学的未来所系，它在宇宙学常数问题上自然也是不可缺席的。

超弦理论是一个试图统一自然界所有相互作用的理论，甚至干脆被称为终极理论（theory of everything），它的广度、深度及雄心由此可见。超弦理论对宇宙学的影响是多方面的，其中很重要的一个影响源自它对时空维数的要求。在超弦理论中，时空的维数变成了十维而不再是四维的。在这样一幅时空图景中，我们直接观测所及的看似广袤无边的宇宙不过是十维时空中的一个四维超曲面，就像薄薄的一层膜，可怜的我们就世世代代生活在这样一层膜上，我们的宇宙论也就因此而变成了所谓的膜宇宙论（brane cosmology）。

高维时空的观念并不是超弦理论特有的。早在 1919 年，特奥多尔·卡鲁查（Theodor Kaluza）就把广义相对论推广到了五维时空，试图由此建立一个描述引力与电磁相互作用的统一框架；1926 年，奥斯卡·克莱因（Oskar Klein）发展了卡鲁查的理论，引进了紧致化（compactification）的概念，由此建立了所谓的卡鲁查 - 克莱因理论。卡鲁查 - 克莱因理论与膜宇宙论的主要区别在于：卡鲁查 - 克莱因理论中的物质分布在所有维度上，而膜宇宙论中只有引力场、引力微子场（gravitino field——引力微子为引力子的超对称伙伴）、伸缩子场（dilaton field）等少数与时空本身有密切关系的场分布在所有维度上，由标准模型描述的普通物质则只分布在膜上。

不仅高维时空的观念不是超弦理论特有的，就连这种认为由标准模型描述的物质只分布在膜上而不是像卡鲁查 - 克莱因理论假定的那样分布在整个高维时空中的观念也早在 20 世纪 80 年代初就有人从唯象理论的角度提出过了，与超弦理论无关。但是像这样一种观念，只凭一些唯象的考虑是不足以成为现代宇宙论的基础的，它必须有明确的理论体系。这种理论体系随着超弦理论的发展渐渐成为可能。20 世纪 90 年代中期，在超弦理论中出现了著名的"第二次超弦革命"，存在于不同"版本"的超弦理论之间的许多对偶性被陆续发现。在这些研究中，物理学家们注意到了，不仅不同"版本"的超弦理论之间存在着密切关联，超弦理论与十一维超引力理论之间也存在一定的关联①。受此启发，1995—1996 年间爱德华·威顿（Edward Witten）提出了一种十一维时空中的新理论，它以十一维超引力理论为低能有效理论，并且在特定的参数条件下能够再现物理学家们熟悉的所有"版本"的超弦理论。从这个意义上讲，这种新理论可被认为是统一了所有"版本"的超弦理论。这一新理论被称为 M 理论。在研究这种十一维超引力理论及 M 理论时，由于超弦理论中的规范场只存在于十维时空中，因此很自然地出现了规范场只存在于十一维时空中的超曲面上的观点，这便是膜宇宙论思想在超弦理论中的出现，最初是由彼得·霍拉瓦（Petr Horava）与威顿等人提出的。

超弦理论与膜宇宙论的出现让物理学家们的思路越出了四维时空的羁绊，为宇宙学常数问题的研究提供了一个全新视角。从这个全新视角中我们能看到什么新的东西呢？让我们先回顾一下上一节提到过的，试图用超对称解决宇宙学常数问题的主要推理步骤：

超对称在 TeV 量级上破缺

↓

宇宙学常数比观测值大 60 个数量级

↓

宇宙半径在毫米量级

上述推理中，对超对称破缺能标的估计来自于对现有高能物理实验与理论的综合分析，显著调低该能标将与未能观测到超对称粒子这一基本实验事实相矛盾，而调高该能标只会使宇宙学常数的计算值变得更大，从而更偏离观测值；从超对称破缺能标到宇宙学常数的计算依据的是量子场论；而从宇宙学常数到宇宙半径——确切地说是宇宙的空间曲率半径——的计算依据的则是广义相对论。这些理论在上述计算所涉及的条件下都是适用的，因此整个推理看上去并没有明显漏洞。

---

① 比方说 IIA 及 $E_8 \times E_8$ 型超弦理论在强耦合极限下均具有十一维超引力理论的特征。

但是从膜宇宙论的角度看，上述推理却隐含着一个很大的额外假设！正所谓"不识庐山真面目，只缘身在此山中"。

这个额外假设出现在最后一步推理中。从宇宙学常数到宇宙的空间曲率半径的计算依据的确实是广义相对论，但问题是：我们谈论的究竟是哪一部分空间的曲率呢？想到了这一点，我们就不难发现上述推理隐含的额外假设乃是：由宇宙学常数所导致的曲率出现在我们的观测宇宙中。这原本不是问题，因为长期以来，宇宙学中的空间不言而喻就是我们观测到的三维空间，任何曲率或曲率半径当然也是针对这个三维空间。但在膜宇宙论中空间共有九维或十维之多，情况就大不相同了，假如由宇宙学常数所导致的曲率只出现在观测宇宙以外的维度中，岂不就没有问题了吗？要知道一个均匀的背景能量动量分布——宇宙学常数——本身并不是问题，由此而导致的可观测的曲率效应才是问题的真正所在[①]。因此假如由宇宙学常数所导致的曲率果真只出现在观测宇宙以外的维度中，宇宙学常数问题中最尖锐的部分——与观测之间的矛盾——也就冰消雪释了。

那么，在膜宇宙论中，由宇宙学常数所导致的曲率果真有可能只出现在观测宇宙以外的维度中吗？

12.7 宇宙七巧板

对这一问题的研究远在膜宇宙论思想出现于超弦理论之前就已经有了一些结果。

1983 年，V. A. 鲁巴科夫（V. A. Rubakov）和 M. E. 沙波什尼科夫（M. E. Shaposhnikov）发现，在高维时空的广义相对论中存在某种机制，可以使宇宙学常数所导致的曲率只出现在观测宇宙以外的维度中。1999 年，E. 维林德（E. Verlinde）与 H. 维林德（H. Verlinde）在膜宇宙论中同样发现了这样的机制。

---

① 一个均匀的背景能量动量分布在引力以外的领域中并不构成困难，因为这样一种能量动量分布的物理效应基本上都互相抵消了。残余的效应——比如卡西米尔效应、狄拉克真空中的电子对产生等——则已被实验观测到。

这些研究表明，由宇宙学常数所导致的曲率只出现在观测宇宙以外的维度中，在理论上是可能的。

既然这是可能的，那么在膜宇宙论中，宇宙学常数与可观测宇宙的半径之间就不再有直接的对应关系了。特别是，宇宙学常数完全可以很大——如我们在上文中计算过的那么大，宇宙半径却不一定要很小——不必像前面计算过的那么小，甚至完全有可能如观测到的那么大。正是这一全新的可能，为解决量子场论所预言的巨大的宇宙学常数与观测所发现的巨大的宇宙半径之间的矛盾开启了一扇新的门户。在膜宇宙论中，我们把对膜——可观测宇宙——的曲率有贡献的那部分宇宙学常数称为"膜上的四维有效宇宙学常数"，简称为"有效宇宙学常数"。运用这一术语，由宇宙学常数所导致的曲率只出现在观测宇宙以外的情形可以表述为：有效宇宙学常数为零；而膜宇宙论解决宇宙学常数问题的基本思路可以表述为：虽然宇宙学常数很大，但有效宇宙学常数很小。

但上面提到的那些导致有效宇宙学常数为零或很小的机制有一个不尽如人意的地方，那就是它有赖于参数之间极其精密的匹配，即所谓的微调（fine-tunning）。这种微调只要稍有破坏，可观测宇宙的曲率就将大大高于观测值。从这个意义上讲上述机制虽然原则上可能，却面临着自然性问题，即无法解释为什么参数之间会存在如此精密的匹配。

2000 年到 2001 年间，欧洲核子中心（CERN）的物理学家赫里斯托夫·施密德哈伯（Christof Schmidhuber）提出了一组非常精彩的观点，既为解决上述机制中的自然性问题提供了一种思路，也为解释有效宇宙学常数虽然很小却不为零这一观测结果提供了一种可能的解释[①]。这组观点便是本节所要介绍的内容。

在上文中我们提到过，在可观测宇宙中（即膜上），超对称——如果存在的话——应当在 TeV 能标上破缺，这一点在膜宇宙论中是一个需要满足的边界条

---

① 写到这里顺便提一下，在文献中对宇宙学常数问题有所谓的第一与第二之分，第一宇宙学常数问题（the first cosmological constant problem）为：为什么宇宙学常数为零？这是早期的宇宙学常数问题；第二宇宙学常数问题（the second cosmological constant problem）为：为什么宇宙学常数很小但不为零？这是目前我们所面临的宇宙学常数问题。

件。施密德哈伯提出了一个猜测，他猜测在超弦理论——确切地讲是高维超引力理论——中存在这样一种膜宇宙论解：膜上的超对称在 TeV 能标上破缺，而与之相隔一个过渡距离并且与之平行的其他四维超曲面上的超对称——高维超引力理论中的超对称——是严格的。这样的解如果存在的话，那么在那些与膜平行的其他四维超曲面上由于存在严格的超对称，有效宇宙学常数为零，从而时空是平坦的——确切地讲是里奇平坦的，即 $R_{\mu\nu}^{(4)} = 0$。将这种在膜以外的、由超对称所要求的平坦时空与膜上的时空相衔接，就可以自然地选出膜上的平坦时空解（即膜上的有效宇宙学常数为零的解）。这样就避免了原先的微调问题。

但这里还有一个问题需要解决。前面提到，在膜宇宙论中由标准模型描述的普通物质只分布在膜上，但是引力场不在此列，引力场存在于整个高维时空中，由超引力理论所描述。这一超引力理论中的零点能对整个时空的曲率都有贡献。因此在膜宇宙论中，膜上的有效宇宙学常数取决于超引力理论中的零点能。如果超引力理论中的超对称——如上面的猜测所说——是严格的，那么这种零点能为零，有效宇宙学常数也就为零，这与观测并不一致。为了解决这一问题，施密德哈伯对他的猜测做了一点修正，把超引力理论中的超对称由严格的修正为在一个很低的能标 T 上破缺，这样既不妨碍在定性上用超对称取代微调，又可以得到与观测相吻合的宇宙学常数。

那么为了产生与观测相一致的有效宇宙学常数，这个能标 T 该是多少呢？这一点我们在前文其实已经计算过了：在 12.4 节中我们曾提到，要想让普通量子场论中的零点能与观测到的有效宇宙学常数相一致，量子场论所适用的能量上限 M 必须在 meV（即 10^{-3}eV）的量级，即 $M\sim10^{-3}$eV；而在 12.5 节中计算超对称标准模型下的宇宙学常数时我们又提到，如果一个超对称理论的超对称在能标 T 上破缺，那么计算由该理论的零点能所给出的宇宙学常数时，只需将量子场论所适用的能量上限 M 改成超对称破缺的能标 T 即可（因为在 T 以上的零点能被超对称消去了）。因此为了与观测到的有效宇宙学常数相一致，超引力理论中的超对称破缺的能标为 $T\sim10^{-3}$eV，即超引力理论中的超对称在 meV 的量级上破缺。

至此，施密德哈伯的理论既解决了旧机制中的微调问题，又提供了与观测大体一致的有效宇宙学常数，凭这两点，它就已经算得上是一种颇有新意的理论。但仅凭这些还不足以让我赞叹。因为这样的一个理论就像是一副散乱放置的七巧板，虽然每一块都不错、都有用处——比如膜上的超对称在 TeV 能标上破缺是为了与现有的高能物理实验及理论相适应；膜以外（即超引力理论中）的超对称破缺是为了解决微调问题；该超对称的破缺能标在 meV 量级上则是为了与有效宇宙学常数的观测结果相一致，但这些形形色色的板块之间还缺乏足够的关联，这样的理论显得过于松散，过于特设。比方说我们要问为什么超引力理论中的超对称会破缺？为什么膜上的超对称在 TeV 能标上破缺而超引力理论中的超对称却在 meV 能标上破缺？物理学乃至科学在本质上是一种追求对自然现象逻辑上最简单描述的努力，正如爱因斯坦所说的："一个侦探故事，如果把奇案都解释为偶然，那它看起来就不够好。"一个宇宙学常数理论也一样，如果为需要解释的每一个观测事实都引进一个独立假设，那它看起来也就不够好。

一副七巧板的魅力在于能够拼合，我们手头这副宇宙七巧板能够拼合在一起，拼出一幅协调而美丽的画面吗？

这些问题在现阶段当然还没有完整的答案。但施密德哈伯的理论中却有一条非常精彩的纽带，把几条为了不同目的而引进的线索拧在一起，给出了部分答案。虽谈不上将宇宙七巧板拼成了图案，却也令人刮目相看。这条纽带就是膜上的超对称破缺与超引力理论中的超对称破缺之间的关联。这种关联之所以存在，是因为超引力理论中的波函数与膜之间存在着重叠。因为这种重叠，膜上的超对称破缺能够对超引力理论产生影响，使后者的超对称也出现破缺，这两种超对称破缺的能标之间存在一个明确的关系：

$$M_{SG} = \frac{M_{SUSY}^2}{M_p}$$

其中 M_{SG} 为超引力理论中的超对称破缺的能标，M_{SUSY} 为膜上——标准模型中——的超对称破缺的能标[①]。不难验证，$M_{SG} \sim$ meV 与 $M_{SUSY} \sim$ TeV 恰好满足这一关系式！

---

① 这一关系式与超对称破缺的两种主要机制之一——引力传导超对称破缺（gravity-mediated supersymmetry breaking）——中的关系式是一样的。

这就是说，超引力理论中的超对称在 meV 能标上破缺并不是仅仅为了解释有效宇宙学常数的观测值而引进的独立假设，它是标准模型——膜上——的超对称在 TeV 能标上破缺所导致的自然推论。这两种超对称破缺的关联也可以反过来看，即为了解释有效宇宙学常数的观测值而引进的超引力理论中的超对称破缺，可以在膜上诱导出标准模型中的超对称破缺，从而预言超对称粒子的质量！

施密德哈伯的理论正是因为有了这样的一条纽带而具有了独特魅力。

12.8　结语

以上便是对施密德哈伯在膜宇宙论框架中提出的宇宙学常数新理论的一个简单介绍。现在让我们回过头来，看看我们在 12.3 节末尾所提的那些关于宇宙学常数的问题。在施密德哈伯的理论中，我们可以这样来回答那些问题：

- 宇宙学常数的物理起源何在？

  答：宇宙学常数起源于量子场的零点能，有效宇宙学常数起源于其中的超引力理论中的零点能。

- 它为什么取今天这样的数值？

  答：因为标准模型中的超对称在 TeV 能标上破缺，由此导致超引力理论中的超对称在 meV 能标上破缺，这决定了我们所观测到的宇宙学常数——即有效宇宙学常数——的数值。

- 占目前宇宙能量密度 70% 的暗能量究竟又是由什么组成的？

  答：暗能量是由引力子、引力微子及其他与时空本身密切相关的场的零点能组成的。

应该说，这些回答不能算是很令人满意的，比方说对第二个问题的回答以标准模型中的超对称在 TeV 能标上破缺为前提，这一点本身就未必成立。但是在现阶段能够有这样的回答已属难能。

在我们即将结束本文的时候，需要再次提醒读者的是，本文所介绍的施密德哈伯的理论只是一个"少数派报告"，也就是说并非主流理论。事实上，在宇宙学常数问题上目前还不存在任何称得上是主流的理论。这并不奇怪，因为对宇宙学常数的数值，直到最近这些年我们才有了比较具体的结果，因而目前这一领域的所有理论无一例外都是高度猜测性的，都是很初级的，并且都是有明显缺陷的。以施密德哈伯的理论为例，它最直接的缺陷就在于还没有找到如施密德哈伯所猜测的膜上的超对称在 TeV 能标上破缺、膜外的超对称在 meV 能标上破缺的解，或关于这种解的存在性证明。目前已经知道的是，这样的解在五维时空中是不存在的，因此施密德哈伯理论中的时空起码要有六维[①]。

另一方面，施密德哈伯理论（以及其他类似的膜宇宙理论）把由标准模型描述的普通物质的零点能所引起的曲率归结到膜以外的高维时空中，这虽然解了燃眉之急，却并不能一劳永逸地消除那些零点能的影响。在上文中我们提到，如果标准模型的超对称在 TeV 能标上破缺，那么由标准模型的零点能所导致的宇宙半径在毫米量级。这一半径在施密德哈伯理论中变成了膜以外的若干个维度的紧致半径。但由于引力相互作用与所有的维度都有关，这种紧致半径在毫米量级的额外维度的存在会对我们所在的四维时空中——膜上——的引力定律产生影响，导致牛顿引力常数与距离有关。这一点，使得我们原则上可以对施密德哈伯的理论（以及其他类似的膜宇宙理论）进行实验检验。倘若牛顿引力常数在小到 10 微米的尺度上仍没有显示出距离相关性，那么施密德哈伯的理论（以及其他类似的膜宇宙理论）就会被实验所否决。

除了上面这几点外，施密德哈伯理论的成立还有赖于像超对称、超弦、膜宇宙论这样一些目前还没有得到实验验证的物理理论，这本身也是巨大的不定因素。另外一个不容忽视的问题是，我们在本文中所做的全部数值计算都是十分粗略的，忽略了所有数量级较小的常数因子，这些因子的累计效果完全有可能使我们的计算偏离几十倍甚至更多，因此我们看到的那些数值拟合的精彩结果完全有可能只是粗略计算下的海市蜃楼。

但尽管如此，我个人还是很欣赏施密德哈伯的理论。这一理论当然完全有可

---

① 由于超弦理论的时空有十维之多，因此施密德哈伯的理论对时空维数的要求还不至于造成困难，但在五维时空中不存在这样的解表明，解的存在性远不是可以想当然地予以假定的。

能是错误的——事实上，不仅有可能，而且可能性还很大。因为在前沿物理理论的框架内对宇宙学常数的深入研究还处在襁褓阶段，在这样一个阶段最可能出现的情形就是许多理论争奇斗艳，其中却没有一个是足够接近正确的——就像三国时期，群雄并起逐鹿天下，到头来却都在狼烟中消逝，赶早场的人谁也没能夺得天下。不过我觉得施密德哈伯的理论有着恢宏的背景、精巧的构思，颇能给人以启迪。物理学上真正伟大的理论终究是少数，一个理论只要能给人以启迪，也就不枉了它被学术界所认识。当我第一次读到施密德哈伯的文章时，就萌生了将这一理论介绍给国内读者的想法，现在这一想法终于付诸现实了。但愿这篇文章能让部分读者对宇宙学常数问题产生兴趣。

参考文献

[1] BAGGER J A. Supersymmetry, Supergravity and Supercolliders - TASI 97[J]. World Scientific, 1999.

[2] BRAX P, VAN DE BRUCK C. Cosmology and Brane Worlds: A Review[J]. Class. Quant. Grav, 2003, 20, R201-R232.

[3] DOLGOV A D. Cosmology at the Turn of Centuries, hep-ph/0306200.

[4] KOLB E W, TURNER M S. The Early Universe[J]. Addison-Wesley Publishing Company, 1990.

[5] PADMANABHAN T. Cosmological Constant - the Weight of the Vacuum[J]. Phys. Rept, 2003, 380, 235.

[6] SCHMIDHUBER C. Micrometer Gravitinos and the Cosmological Constant[J]. Nucl. Phys. B, 2000, 585(1-2): 385-394.

[7] SCHMIDHUBER C. Brane Supersymmetry Breaking and the Cosmological Constant: Open Problems[J]. Nucl. Phys. B619, 603, 2001.ntific, 1999.

[8] STRAUMANN N. The History of the Cosmological Constant Problem[J]. Physics, 2002, 77(10): 389-402.

[9] WEINBERG S. The Quantum Theory of Fields（Ⅲ）[M]. Cambridge: Cambridge University Press, 2000.

2003 年 10 月 2 日写于纽约

13 　行星俱乐部的新章程 [1]

太阳系有九大行星，这是每一位小学生都知道的天文事实。太阳系上一个行星的发现，是在 1930 年。那一年美国天文学家克莱德·汤博（Clyde Tombaugh, 1906—1997）发现了冥王星（Pluto）。自那以来，太阳系的行星数目一直没有改变过，但天文学家们对冥王星的行星身份却一直有争议。

产生争议的主要原因是冥王星实在太"轻"，它的质量不仅远比其他八个行星都小，甚至比月球还小得多。在太阳系中，质量比冥王星大的卫星就有七个之多。一个比许多卫星还小的天体是否该被称为行星？这是争议的缘起。不过冥王星的质量虽小，在直接环绕太阳运动的天体中终究还是排行第九，而且比排在第十的谷神星（Ceres）大了十几倍 [2]，更何况冥王星占据行星宝座几十年，早已约定俗成。因此争议归争议，九大行星的称谓一直延续了下来。

但是自 20 世纪 90 年代以来，天文学家们在太阳系边缘的一个称为柯伊伯带（Kuiper belt）的区域中发现了许多新天体，其中某些较大的新天体直逼冥王星的大小 [3]。2005 年，几位美国天文学家在排查一年多前的观测资料时发现了这类天体中迄今所知最大的一个。这一天体被编号为 2003 UB$_{313}$。据初步测定，2003 UB$_{313}$ 的质量与直径均比冥王星略大。

2003 UB$_{313}$ 的发现立即引发了新一轮的行星定义之争。因为 2003 UB$_{313}$ 既然比冥王星还大，我们显然没有理由不把它称为行星（事实上，许多媒体已经早早地为这一天体冠上了"第十大行星"的美誉）。反过来，如果我们不把 2003 UB$_{313}$

---

[1] 　本文曾发表于 2006 年 8 月 28 日的《21 世纪经济报道》，发表稿的标题被改为《冥王星落选记》，内容亦有改动，此处收录的是原稿。

[2] 　谷神星是太阳系中最大的小行星。

[3] 　柯伊伯带是太阳系边缘从海王星轨道延伸至大约 55 天文单位处的一个区域，广义地讲，也包括更遥远的所谓离散盘（scattered disk）。

称为行星，那么冥王星的行星资格也应该被剥夺。无论哪一种观点，都对有着 76 年历史的太阳系九大行星格局构成了严重挑战。

另一方面，除了太阳系的新成员外，自 20 世纪 90 年代以来，天文学家们在其他恒星周围也发现了行星，截至目前，那样的行星数量已超过了 200，并且还在快速增加。所有这些发现，都使得行星这一概念远远超出了长期约定俗成的范围。因此，提出一个合理的行星定义，不仅是解决太阳系新天体"身份问题"的需要，也有助于我们对太阳系以外的类似天体进行分类。有鉴于此，国际天文联合会（International Astronomical Union）在过去两年里一直在酝酿一个新的行星定义，并于 2006 年 8 月 16 日公布了一份定义草案。

按照这份草案，一个绕恒星运转的天体要成为行星必须具备几个条件。首先，行星的内部不能有像恒星内部那样的热核反应，这是行星与恒星的本质区别。这一条件要求行星的质量不能太大，太阳系里除太阳以外的所有天体都很好地满足这一条件[①]。其次，我们不想把环绕太阳运动的每一块陨石都当作行星，因此行星的质量也不能太小。但什么样的质量才不算"太小"呢？草案采用了一个非常聪明的方法来界定。我们知道，所有行星的形状都很接近球形，这是因为当行星表面的不规则性——比如山峰——大到一定程度后，会因物质的刚性无法支撑自身的重量而坍塌。行星的质量越大，引力越强，这种效应就越显著，而许多小行星或小卫星之所以具有不规则的外形，就是因为质量太小，从而引力太弱。受此启发，新定义把星体在自身引力作用下成为球形，作为确定行星质量下界的自然标准。研究表明，这样定义的质量下界大约是 5×10^{20} 千克，相当于冥王星质量的 $1/25$ [②]。

因此，按照这一草案，冥王星依然是行星，2003 UB$_{313}$ 也将轻松获得行星俱乐部的入场券。不仅如此，在小行星世界里当了两百多年"老大"的谷神星也将

---

① 在研究太阳系以外的行星时，会遇到行星与褐矮星（brown dwarf）的区分问题，此次的行星定义没有涉及这一问题。

② 与这一质量相对应的天体直径约为数百千米，具体数值跟星体的物质有关，无法一概而论，对质量接近这一下界的天体要个案分析。另外要注意的是，只有在自身引力作用下成为球形的天体才被认为是满足这一条的，质量很小，但碰巧是球形的天体不在其列。

一步登天，成为行星（谷神星的质量约为 9.5×10^{20} 千克，接近上述质量下界的两倍）。

有读者可能会问：既然连谷神星都可以当行星，那么我们的月球——质量比谷神星大 70 多倍，甚至比冥王星和 2003 UB$_{313}$ 还大的月球——是不是也可以荣升为行星呢？答案是否定的。因为除质量外，行星定义还有一个显而易见的组成部分，那就是行星必须不是卫星，也就是说它不能围绕其他行星运动。月球不满足这一要求，因此不能升格为行星。

应该说，上述草案有一个很大的优点，那就是采用了尽可能自然的标准，比如通过引力效应来定义质量下界，而不是人为规定一个数值。尽管如此，草案还是一公布就遭到了激烈反对。因为按照这份草案，太阳系的行星数目将会很快出现戏剧性的增长。除 2003 UB$_{313}$ 外，在柯伊伯带上还有许多其他天体将会满足草案的要求，虽然它们此次未被提名。此外，小行星带上除谷神星外还有几颗较大的小行星也可能满足草案的要求。据某些天文学家的估计，满足草案要求的太阳系行星数目最终可能会达到几百。显然，如此庞大的行星队伍不仅与人们对行星的传统理解脱节，也会削弱行星这一概念的有效性与方便性。因此，在经过几天的激烈争论后，天文学家们在上述草案的基础上又增加了一项要求：行星必须"扫清了自己轨道附近的区域"（has cleared the neighbourhood around its orbit）①。也就是说，在行星的轨道附近必须不存在质量与之相当的其他天体。这一条大体上也是一个质量条件，质量越大的天体扫清轨道的能力通常就越强。这一条对太阳系的其他八大行星都不成问题，但冥王星却不满足。因为冥王星的轨道与海王星及柯伊伯带上的许多大型天体的轨道都有交错，它的轨道区域显然没有扫清。

就这样，可怜的冥王星失去了坐了 76 年之久的行星宝座，太阳系的行星只剩下八个。同时遭遇不幸的还有差点就看到曙光的谷神星和半路夭折的"第十大

---

① 与其他各条相比，这一条稍显人为，因为什么叫作"轨道附近的区域"？什么叫作"扫清"？都没有很自然的标准。从国际天文联合会对新定义的讨论过程及此前出现的几篇相关论文来看，"扫清"一词指的是行星在其轨道附近的区域中处于支配性（dominant）地位。对太阳系来说，判定这一点恰好没什么困难，但对于更普遍的情形，这一条也许会需要进一步界定。

行星"2003 UB$_{313}$。天文学家们为这些满足其他条件，但没能扫清自己轨道区域的天体设立了安慰奖，叫作矮行星（dwarf planet）。谷神星、冥王星及2003 UB$_{313}$成为太阳系的第一批矮行星[①]。至于围绕太阳运动的更小的非卫星天体，则被称为太阳系小天体（small solar system bodies）[②]。

上述定义已于2006年8月24日由国际天文联合会投票通过，正式成为行星俱乐部的新章程。

2006年8月24日写于纽约

[①]　国际天文联合会在最初提出的草案中曾对卫星作过定义，要求卫星与行星的质心位于行星内部，并据此将冥王星的卫星卡戎（Charon）由卫星提升为行星（因为卡戎与冥王星的质心位于冥王星之外）。但在与新定义同一天公布的第一批矮行星名单中却没有包括卡戎，看来这一卫星定义已被放弃或搁置，卡戎暂时恢复了卫星身份（只不过它现在变成了矮行星的卫星）。

[②]　"太阳系"一词的使用表明此次给出的定义只针对太阳系，虽然这一定义除第142页注[①]提到的问题外，并不依赖于太阳系特有的性质。

14 奥尔特云和太阳系的边界 ①

14.1 为什么说奥尔特云是装满了彗星的"大仓库"?

在茫茫宇宙之中,太阳系是我们的家园,是我们探索宇宙奥秘的第一站,也是整个宇宙中我们最熟悉的部分。如果说在太阳系中还有一个隐秘的部分,它包含了数以万亿计的天体,其主体部分却不仅从未被观测到过,甚至在可预见得到的将来都很难被直接观测到,这似乎有些令人难以置信。

但这很可能是事实,那个隐秘的部分叫作奥尔特云。

有读者也许会问:既然是隐秘的部分,我们是怎么知道它存在的呢?答案是:依靠推测。不过,在推测的背后有一条观测上的线索,那就是彗星。

天文学家们把彗星分为两类:轨道周期在两百年以下的称为短周期彗星,轨道周期在两百年以上的称为长周期彗星。长周期彗星的轨道往往能延伸到离太阳几万甚至十几万天文单位处。1950 年,荷兰天文学家奥尔特在对几百颗长周期彗星的轨道进行分析之后,提出了一个大胆的设想。他认为在距太阳几万至十几万天文单位处存在大量的小天体,它们是长周期彗星的源泉,它们若碰巧进入内太阳系,就会成为长周期彗星。

由那些小天体构成的就是奥尔特云。由于那些小天体是长周期彗星的源泉,因此奥尔特云就像是一个装满彗星的"大仓库"。

科学人

简·奥尔特(Jan Oort):荷兰天文学家,出生于 1900 年 4 月 28 日。奥尔特一生最广为人知的工作是 1950 年提出的有关奥尔特云的猜测。不过,奥尔特云虽然以他

---

① 本文收录于《十万个为什么》第六版《天文》分册(少年儿童出版社,2013 年 8 月出版)。

的名字命名，类似的猜测其实早在 1932 年就由爱沙尼亚天文学家厄恩斯特·奥皮克（Ernst Öpik）提出过，而且奥尔特的猜测在一些细节上也并不正确。奥尔特倾注了更大心力的工作是在射电天文学领域。

奥尔特于 1992 年 11 月 5 日去世，享年 92 岁。

那么，"大仓库"里究竟有多少小天体呢？据估计约有几万亿个。不过，这个巨大的数字与奥尔特云所占据的广袤空间相比，仍少得可怜。如果有航天器穿越它的话，很可能不会有机会接近任何一个小天体。远离太阳造成的寒冷和暗淡，使得奥尔特云的主体部分极难被直接观测到。

但个别奥尔特云天体仍有可能运动到离我们较近的地方，从而被观测到。长周期彗星本身就是很好的例子。已被观测到的某些其他天体也有可能是属于奥尔特云的。比如 2003 年发现的，远日点距离九百多天文单位（比海王星距太阳还远三十多倍）的赛德娜，就被认为有可能是属于奥尔特云——确切地说是属于后续研究者提出的所谓内奥尔特云。甚至连很多人肉眼都看到过的天体——哈雷彗星——也被认为有可能曾经是一颗长周期彗星（即来自奥尔特云），后来因为巨行星的引力干扰才成为短周期彗星的。

14.2 太阳系的边界在哪里?

"太阳系的边界在哪里？"是一个既值得探索也值得回味的问题。它之成为问题，本身就是天文学上的一次重大观念变革——日心说取代地心说——的结果。因为只有确立了日心说，才有太阳系这一称谓，也才谈得上"太阳系的边界在哪里？"这一问题。

如果简单地以 1543 年哥白尼发表《天体运行论》作为日心说被确立的年份，那么"太阳系的边界在哪里？"这一问题最初 238 年的答案，是在距太阳约 9.6 天文单位（约 14 亿千米）的土星。这一答案在 1781 年被英国天文学家赫歇耳发现的太阳系第七颗行星——天王星——所改变。那一年，太阳系的边界被扩展到了距太阳约 19 天文单位（约 29 亿千米）处。

天王星被发现后，天文学家们对它的轨道进行了计算。出乎意料的是，计算结果与观测并不吻合。在排除了其他可能性之后，天文学家们将这一恼人的现象归结为一颗新行星对天王星的引力干扰。经过艰辛的计算，英国天文学家约翰·柯西·亚当斯（John Couch Adams）和法国天文学家奥本·勒维耶（Urbain Le Verrier）先后推算出了新行星的轨道。1846 年，柏林天文台的天文学家约翰·伽勒（Johann Galle）和海因里希·路易斯 - 达雷斯特（Heinrich Louis d'Arrest）依据勒维耶的推算结果，成功地发现了太阳系的第八颗行星——海王星，太阳系的边界由此扩展到了距太阳约 30 天文单位（约 45 亿千米）处。

在那之后又隔了大半个世纪，1930 年，美国罗威尔天文台的天文学家汤博发现了一颗比海王星更遥远的太阳系天体——冥王星。这颗一度被视为太阳系第九大行星，2006 年才被"降级"为矮行星的天体，将太阳系的边界扩展到了距太阳约 39 天文单位（约 59 亿千米）处。对于如今比较年长的天文爱好者来说，这很可能是自童年起就烂熟于心的太阳系的边界。

微博士

人类对太阳系边界的探索与观测技术的发展是分不开的。最早的时候，人们能借助的只有自己的肉眼。水星、金星、火星、木星和土星就是用肉眼发现的。17 世纪初，人们发明了望远镜，从而开启了发现更遥远（从而往往也更暗淡）天体的大门。天王星和海王星的发现就借助了望远镜的威力。再往后，人们又将照相技术与望远镜结合在一起，并且发明了像闪视比较仪那样特别适用于搜索运动天体的仪器。利用这些新兴的观测技术，人们陆续发现了冥王星、柯伊伯带天体，以及某些最内侧的奥尔特云天体。

但冥王星的发现并未终结探索太阳系边界的努力。20 世纪 40 年代之后，几位天文学家先后提出了一个想法，那就是在像冥王星那样远离太阳的地方，行星的形成过程会因物质分布过于稀疏而无法进行到底，其结果是在距太阳 30~55 天文单位（45 亿 ~83 亿千米）处形成一个由"半成品"组成的小天体带。这个小天

体带被称为柯伊伯带。自 1992 年起，柯伊伯带中的天体开始被陆续发现，它们的分布范围比原先估计的更广。柯伊伯带的发现使太阳系的边界又向外扩展了好几倍。

但这仍然不是太阳系的边界。因为天文学家们普遍猜测，在距太阳更遥远的地方有可能存在一个长周期彗星的"大仓库"——奥尔特云，它的范围有可能延伸到距太阳约 150 000 天文单位（约 225 000 亿千米）处。这几乎已经到达了太阳引力控制范围的最边缘，在那之外即便还有天体，也不会像普通太阳系天体那样围绕太阳运动，从而不能再被视为太阳系的一部分了。因此，奥尔特云如果存在，并具有猜测中的范围的话，它的外边缘无疑就是太阳系的边界了。那个边界离太阳是如此遥远，哪怕一缕阳光要从太阳射到那里，也得走上两年左右的时间。如果乘坐时速 350 千米的高速火车的话，则要花费约 700 万年的漫长时间！

2012 年 3 月 26 日写于纽约

第四部分

———

其他

15　关于牛顿的神学表白

众所周知，宗教在西方社会中存在了极漫长的时间，一度甚至是具有主宰性的力量，直至今日依然拥有强大的影响力。宗教对西方社会的渗透遍及各个层面（**其中包括语言**），且极其深入。在这种背景下，人们可以很容易地在科学家——尤其是早期科学家，比如牛顿——的言论中找到虔诚的神学表白。这其中既有对神的一般性的颂扬，也有直截了当把自己的研究动机归为对神的信仰的。这些言论理所当然地被宗教信徒们视为是宗教对科学曾经有过重大贡献的证据。

如果包括牛顿在内的那些作过神学表白的科学家的科学贡献可以因此而归功于宗教的话，那么即便把宗教法庭在历史上所有迫害科学的罪恶加在一起，也未必能盖过那些贡献。由此得到的结论将是宗教对科学的发展功大于过。

那么，究竟该如何看待那些科学家的神学表白——尤其是：它们是否足以作为宗教对科学有过重大贡献的理由？

有人可能要问：既然那些科学家自己都承认了，还有什么可讨论的？我们之所以要讨论，是因为**一个人完全可以在口头上——甚至心里面也自以为——信奉某种东西，实质上却用完全不同的方法做事情**。比如民间"科学家"，他们大都声称——甚至心里面也自以为——是在追求科学，实质上却在用非科学的方法做"研究"，我们不会因为他们自称是在追求科学，就把他们"研究"出来的东西当作科学，或把他们的失败当成是科学方法的失败。同样的道理，历史上那些作过神学表白的科学家虽声称信奉宗教，声称把自己的一切都归功于神，**但如果他们真正流传后世，被我们称为科学成就的那些东西是用与宗教原则背道而驰的方法得到的，那我们就没有理由把那些东西视为宗教的果实，或当作宗教对科学的贡献**。

因此，要弄清宗教对那些科学家——从而对科学——是否有贡献，关键在于

分清什么是宗教所具有的基本特征，什么又是包括那些科学家的科学贡献在内的科学所具有的基本特征。如果两者基本一致，那么在找到反证之前，我们将认同那些科学家的神学表白，以及宗教信徒们对之所做的解读；反之，如果两者背道而驰，那么无论那些科学家的神学表白听起来多么虔诚，我们也无法从中得出宗教对他们的科学研究——从而对科学——有重大贡献的结论。在这种情况下，他们的神学表白只不过是沿用了与宗教相同的语言体系而已，这在语言本身饱受宗教浸渗的历史背景下是毫不足为奇的。

那么，宗教的基本特征是什么呢？我们知道，在人类文明的早期，产生有关神的传说是一种具有普遍性的文化现象，从这个意义上讲，在早期社会中几乎人人都或多或少地信仰某种类型的超越凡间力量的神。但那种原始信仰并非我们所讨论的那些在历史上残酷镇压科学，而今又试图标榜自己对科学的贡献，从科学中攫取荣誉的宗教，后者远非只是简单地相信一种超越凡间的力量，它具有十分具体的教义，并且具有强大而系统的组织来维护教义。这种宗教的基本特征就在于对其教义的神圣化，以及要求教徒对教义的绝对尊崇，这是它统治教众的基础。

另一方面，科学——即使是牛顿甚至伽利略时期的科学——的最基本特征是尊重实验、尊重推理。这与宗教所推崇的教义的神圣性以及教徒对教义的绝对尊崇在本质上是相互冲突的。即使那些科学家本人声称他们是要用科学的方式来证实神的伟大，也无法改变这种冲突的实质。因为对实验与推理的尊重将无可避免地把宗教教义推到一个可以被检验，从而可能被证伪的舞台上，这并不是宗教所能接受，也不是教廷所能认可——更遑论推荐与支持——的原则。宗教对信徒的要求本质上是盲信、盲从，而科学所追求的则是客观、理性，两者是完全背道而驰的。

因此虽然一部分科学家——尤其是早期科学家——言辞凿凿地宣誓自己对神的信仰，他们所追求的东西，他们追求那种东西的方式，已在实质上背离了宗教的特征。他们在本质上是宗教的叛离者，而非乖学生，更非继承者。神对于他们所追求的东西只是一种拟人化的目的象征，这是一种为自己的观点寻求精神支点的原始信仰，而非像《圣经》那样具体的宗教教义①。对于那些在历史上翻云覆雨的宗教来说，后者才是具有定义性的东西。

在人类历史上，是人创造了神，而不是神创造了人。人用神来庇护自己的无知与无助，也用神来承载自己的欲望与追求。人所创造的神正如人自身一样，充满了凡俗之气。这在以《圣经》为经典的那些宗教中表现得尤为明显，教徒们对神的顶礼膜拜，无处不是在用人间的虚荣来取悦神。宗教把充满人类印迹的教义与品性赋予神，然后以神的名义来统治教徒；而一些科学家——尤其是神学主导时期的科学家——则把自己信奉的自然律赋予神，然后用神的伟大来印证自己的工作。所有这些行为，都是人的行为（而且是两类完全不同的人的行为），神只是大家共同的借口与图腾。历史上宗教所犯下的罪恶是人的罪恶，而不是神的罪恶（这点我想教廷是不会——也不敢——反对的）；历史上科学家所做出的成就则同样是人的成就，而不是神的成就，更不是在方法与体系上与科学完全背道而驰的宗教的贡献②。

2005 年 6 月 26 日写于纽约

---

① 那种对神的原始信仰是不会与科学直接冲突的，因为那种信仰只是为了给未知的东西找一个廉价的精神支点，它没有任何细节，不具有预言能力，它永远只是在科学的范围之外起"作用"，同时它并不专属于任何一种特定的宗教。而像《圣经》这样的宗教教义则不同，它才是专属于特定宗教，对那些宗教具有定义性的东西。为了有效地控制教徒，它必须是具体的。也正因为具体，只要承认科学原则，它就是可证伪的。这正是历史上宗教法庭屡屡镇压科学的原因所在。每当科学对那些具体的宗教教义起到或将要起到证伪作用时，宗教就要出来镇压（在镇压已不再可能的今天，宗教处理它与科学之间冲突的最常用手段则是歪曲、附会、欺骗、回避等，这在神创论与进化论之争中体现得极为明显）。
② 就牛顿这个例来说，还有必要指出这样一点，那就是牛顿的神学思考大都发生在他的《原理》受到宗教势力的攻击之后，具有答辩的意味，而且在时间上远远晚于他的科学研究。

16 从普朗克的一段话谈起

著名物理学家马克斯·普朗克（Max Planck）在《科学自传及其他文章》（*Scientific Autobiography and Other Papers*）一书里写过这样一段话：

> 一个新的科学真理的胜利并非来自于让它的反对者信服和领悟，而是因为反对者逐渐死去，而熟悉它的年轻一代成长起来了。

这段话出自一位功绩卓著的物理学家，却又似乎漏洞百出，在客栈里引起了一些讨论[①]，也令一些网友感到奇怪。

我觉得这是一个很好的例子，它说明人们**在讨论科学或科学哲学问题时常用的一种策略，即直接援引科学家的言论，并不总是具有论证效力的**。事实上，在很多辩论中我们可以看到这样一个有趣的现象：那就是正反双方都可以举出一些著名科学家的言论——有时甚至是同一位科学家的言论——来支持自己的观点，或反驳对方的观点。这种现象的出现，一方面固然是由于不同科学家或同一位科学家在不同时期的观点有时是彼此相左的；但更重要的原因，我认为是由于科学家的许多言论都有着特定的背景及针对性，但在表述时却没有清楚地加以界定（或界定了却被引用者断章取义），从而使人产生错觉，以为那些观点有比它们实际具有更大的普遍性，也为人们误用那些观点开启了方便之门。

像上面所引的普朗克那段话，其本意只是对他自己及玻尔兹曼当年跟唯能论者的论战所做的感慨，或许也夹杂了对后来包括他本人在内的一些经典物理学家无法像年轻人那样轻易接受量子力学的些许感慨。其中提到的"反对者逐渐死去"，

---

① "客栈"指我个人主页 http://www.changhai.org/ 上曾经有过的一个名为"繁星客栈"的论坛。

也可能只是指反对者的学术活跃期的逐渐终结，而不一定是生命的终结。如果我们把那段话当成是一种普遍论述，就会产生漏洞百出的感觉。我听说有些科学哲学论述甚至将那段话上升为所谓的"普朗克原理"来详加分析。那样的论述在我看来完全是捕风捉影、故弄玄虚。

除类似于上面这样的科学言论外，大家喜爱的许多格言也具有同样性质：读起来朗朗上口，不乏启示，在文章里引用起来也很精彩，但细究起来并不普遍成立。比如爱因斯坦曾经说过："常识就是人在十八岁之前积累的偏见。"不知他有没有把基本的逻辑推理算做常识？至于他还说过的"世界上最难理解的东西是个人所得税"，就更不必提了，那想必是他老人家到美国后生出的感慨。

那么，在科学家的言论中如何识别相对重要的部分呢？我的建议是看科学家是否对自己的某段言论作过阐释。任何人都不可能保证自己的所有言论都面面俱到、滴水不漏。许多非正式的言论往往在不经意间用了普遍陈述的语气，真正的含义却很狭窄。但一般说来，特地作过阐释的言论通常比较正式，因而会比较有价值（阐释本身也说明科学家对该言论的慎重）。而且作过阐释的言论，其适用范围也往往比较清晰——哪怕在阐释过程中并未指明适用范围，也往往能通过阐述本身来间接推断。

2006 年 8 月 21 日写于纽约

17　什么是哲学

首先要提醒读者的是，不要指望在本文中找到对"什么是哲学"这个问题的词典式回答，那样的回答恐怕只有词典中才有。不过，这篇文章也不会完全离题，因为它要讨论的是一些与"什么是哲学"这个话题有关的东西。这个话题起源于我在完成译作《爱因斯坦的错误》后与网友讨论时所发的一个帖子[①]，我在那个帖子中提到，史蒂文·温伯格（Steven Weinberg，即那篇译作的作者）对哲学在现代科学中的作用是持相当否定的态度的，他的《终极理论之梦》(*Dreams of a Final Theory*)一书中有一章的标题叫作"反对哲学"(*Against Philosophy*)，而且他对哲学在现代科学中的作用有这样一个评价，那就是哲学偶尔会对科学家起正面作用，但即便在那种情况下，其作用也只是防止科学家被更糟糕的哲学所污染（大意）。

我引述的温伯格的这一观点很快引发了热烈讨论，其热度甚至远远超过了我原本以为能吸引眼球的"爱因斯坦的错误"这一原始主题。很多网友参与了讨论，使那篇文章的回复次数及字数都创了纪录。本文主要是对我在那场由"一个帖子引发的讨论"中的观点作一个整理及扩充，顺便开辟一个新的主题作为进一步讨论的场所。

我在三年多前的旧作《小议科学哲学的功能退化》中曾对类似话题进行过讨论，在本文中，我将避免重复那篇文章已经叙述过的东西[②]。在此次讨论中，有网友提出了哲学影响现代科学的两个具体例子，其中一个是爱因斯坦与玻尔有关量子力学基础的哲学争论对诸如量子信息、量子计算等新兴领域的积极影响，另一个则是有关数学基础的哲学争论孕育出元数学的例子。

---

① 译作《爱因斯坦的错误》发布于我的个人主页 http://www.changhai.org/。
② 旧作《小议科学哲学的功能退化》发布于我的个人主页 http://www.changhai.org/。

我先说说对那两场"哲学争论"的看法。我的基本看法是那些并不是哲学争论，拿爱因斯坦与玻尔关于量子力学基础的争论来说，那是一场非常具体的物理学争论，尤其是爱因斯坦，他无论是试图推翻测不准原理，还是试图质疑量子力学的完备性（即 EPR 论文），都是从理想实验出发的，而那些理想实验的构筑都是非常具体的物理。要说爱因斯坦利用了什么哲学思想，那无非是有关决定论的古老信念（这是我在《小议科学哲学的功能退化》一文中所说的早期或中期科学哲学思想的一个例子），而没有任何新的哲学。而玻尔反驳爱因斯坦对测不准原理的挑战所用的也是纯物理的手段，虽然他总是喜欢顺便表述一下他的互补原理，但那只不过是细枝末节的包装。玻尔对 EPR 论文的反驳倒是在实质上用到了他的互补原理，从而可以算是哲学回应，但有关 EPR 论文的争论对后来出现的那些新兴领域的影响却是源自爱因斯坦对 EPR 实验的构筑，而不是玻尔那几乎无人真正理解的互补原理[①]。

有关数学基础的"哲学争论"也类似。我们只要看看参与那场争论的几位代表人物的著作，比如形式主义代表人物戴维·希尔伯特（David Hilbert）的《数理逻辑基础》（*Principles of Mathematical Logic*），直觉主义代表人物鲁伊兹·布劳威尔（Luitzen Brouwer）和阿伦·海廷（Arend Heyting）等人的《论排中律在数学上，特别是函数理论中的重要性》（*On the Significance of the Principle of excluded middle in mathematics, especially in function theory*）和《直觉主义》（*Intuitionism*），以及逻辑主义代表人物伯特兰·罗素（Bertrand Russell）的《数学原理》（*Principia Mathematica*），就会发现要把那些著作看成是哲学著作，就跟把爱因斯坦的《论动体的电动力学》（*On the Electrodynamics of Moving Bodies*）看成哲学论文一样的不合理。

像这样的讨论，它们在出现的时候不仅不是哲学，而且往往是具体学科中的前沿课题，讨论本身也是高度学术化的，与本质上是思辨性的哲学讨论截然不

---

① 这方面的讨论可参阅拙作《纪念戈革——兼论对应原理、互补原理及 EPR 等》（收录于《小楼与大师：科学殿堂的人和事》，清华大学出版社，2014 年 6 月出版）。

同①。而对数学和物理的后续发展产生真正积极影响的，也正是讨论中最学术化的部分，而不是哲学（虽然很多人曾围绕那些讨论写过很多可被归入哲学的文字）。我们也可以看看元数学，在它的核心内容中其实并没有什么哲学，有的只是源自上述学术著作或学派的具体学术成果。

不过在讨论中我们也注意到，人们有时会把针对一门科学的基础所做的任何讨论都笼统地称为哲学，比如对数学基础的讨论被称为数学哲学，对量子力学基础的讨论被称为量子力学的哲学，等等。哪怕那些讨论是具体学科的研究者通过该学科惯有的研究方法所做的研究，只要一涉及学科的基础，就会被分类为哲学。在我看来，这种做法等于是用定义的手段强行把哲学的触角插入每一门科学的根基，这是我所不认同的。而且如果一种号称对科学有用的"哲学"实际上只不过是用惯常的科学手段做出，却被插上了哲学标签的东西，那它本身就说明了这种"哲学"是根本无须单独去学的，对于一个研究科学的人来说，他所做的只是惯常的科学研究，不能因为有人将其成果归为哲学，就把他视为是哲学的受益者，或认为哲学对他的研究是有帮助或有必要的。

但另一方面，虽然我并不认同那种把针对科学基础的一切讨论都视为哲学的做法，但那种做法的确用得很广，凭一句"不认同"来反驳显然是不够的。而且我以前通常是用"以思辨为基本方法"来作为对哲学的界定的，但如果像数学基础和量子力学基础那样带有高度技术性内容的领域都被整体性地视为了哲学分支，那么"以思辨为基本方法"就无法再作为对哲学的界定了。因此在这里我打算从另外一个角度出发来做一些分析。如果我们问一个人：20 世纪后半叶最著名的哲学家或科学哲学家有哪些？我们得到的回答显然会包含一些像托马斯·库恩（Thomas Kuhn）、卡尔·波普尔（Karl Popper）那样的名字，但这个名单哪怕扩

① "思辨性"这个词就像很多其他日常概念一样很难有非常明确的定义。我大体上是把那种主要通过逻辑推理和概念分析而进行的思考称为思辨性的。这种思考可以是纯文字性的，也可以通过对逻辑推理作形式化处理而获得更大的准确性。它与数学的区别是很少用到逻辑以外的数学工具（比如分析、几何、拓扑、代数等具体的数学工具）；与物理的区别则是除了很少用到逻辑以外的数学工具外，还缺乏探索性的实验与观测（虽然它可以将某些已知的实验与观测结果纳入自己的分析范围）。

展到一百、一千，甚至把二三流大学的哲学教授都排进去了，恐怕也未必会有人会把一个像保罗·科恩（Paul Cohen）那样的人列入，尽管此人一生最重要的工作——提出力迫法（forcing）及证明连续统假设的独立性——全都是在号称是哲学分支的数学基础领域中做出的。

这粗看起来是一个不起眼的现象，细想起来却是很奇怪的。我们有一个叫作"哲学"的概念，也有一个叫作"哲学家"的概念，它们理应是匹配的，但一位在据说属于哲学的研究领域中做出自己最重要工作的人，却被公认为是纯粹的数学家，甚至连在哲学家的门槛上站一站——被称为数学家兼哲学家——的"殊荣"都没有，这种情形在其他学科中恐怕是很难见到的。这是一个发人深思的征兆，它表明哲学已经把自己的范围扩展到了连自己的头衔（哲学家）都来不及派发的领域，宛如是在进行一场连后勤工作都没跟上的军事冒进。

本文虽不会给"什么是哲学"做一个词典式的回答，但对上面这个例子的分析却启示我们对哲学的范围引进一个约束或判据，那就是：一个属于哲学的研究领域起码要满足这样一个条件，即任何在该领域工作，且作出举世公认的成就（从而可以称"家"）的研究者都会被公认为是哲学家。考虑到一个领域可以同时属于哲学和其他学科，那样的研究者也可以同时被称为其他的"家"，比如物理学家或数学家。但如果他的主要成就出自那个属于哲学的研究领域，那么无论该领域是否同时还属于其他学科，他起码应该会有同等的公认度被称为哲学家。从事哲学研究不是搞地下活动，如果在某个领域做了一辈子的研究，且作出重大成就，居然不会被公认为是哲学家，那么将该领域称为哲学领域显然是很牵强的。

不仅如此，我们还需要特别强调一点，那就是如果一个属于哲学的研究领域包含了高度技术性的内容，比如像数学基础或量子力学基础那样的领域，那么我们有理由要求，一个在该领域工作，且作出举世公认的成就（从而可以称"家"）的研究者，哪怕其一生都在做纯技术性的工作，而不曾发表过任何思辨性的著作，也同样应该能被公认为是哲学家。如果不能，就说明我们起码是不能将该领域整体性地视为哲学分支，或将该领域的研究不加区分地视为哲学研究。在那种情况下，必须对该领域中哪些类型的研究属于哲学研究作进一步的界定，比方说把像解决连续统假设的独立性那样对具体问题的研究排除在外。我个人相信，一旦作了这种进一步的限定，那么能被合理地界定为哲学的部分很可能只是思辨性的。事实上，前面提到的科恩如果在发表研究性论文的同时多写一些思辨性的作品，就很有可能会被同时视为哲学家（很多从事基础研究的科学家正是因为撰写了有关自己研究成果的思辨性作品，而同时成为哲学家）。

　　一个在号称属于哲学的领域中从事纯技术性工作的数学家不被称为哲学家，相反，在同一领域中一篇技术性论文都不写，甚至未必理解该领域，能写出大量思辨性作品的人却有可能被视为哲学家（比如很多哲学系的教授），哲学在这类被笼统称为哲学的领域中真正关注的东西是什么其实是呼之欲出的，而这种被笼统称为哲学的领域究竟在多大程度上属于哲学则是很值得商榷的。

2009 年 10 月 29 日写于纽约

第五部分

————

索引

术 语 索 引

人 名 索 引